# 検証 UFOはほんとうに存在するのか？

リチャード・ローレンス 著
石原まどか 翻訳

〈日本語版発刊によせて〉

# いまこそ祈り、地球の危機を救おう

原著の出版から半年ほどすぎた二〇一一年三月十一日、日本は大災害に見舞われました。凄まじい地震につづいて破壊的な津波が襲いかかり、福島原子力発電所に深刻なダメージを与え、多くの悲劇的な結果を引き起こしました。

第八章で私は、一九八六年のチェルノブイリ事故の際に、ジョージ・キング博士と〈エセリアス・ソサエティ〉がどのように地球外の存在たちと直接協力し合って対応したかについて述べました。それから二十五年後、〈エセリアス・ソサエティ〉はふたたび宇宙のマスターたちと協力し、今度は福島原発事故に対応しました。地震から二時間後、ロサンゼルスにある装置から放出されたエネルギーが、地球外の存在によって操作され、大惨事を緩和するために注がれました。このプログラムはロサンゼルスをはじめ、ロンドン、イギリス北部、ニュージーランド、ミシガン州にそれぞれある装置も含めて、約二週間続けられました。

宇宙からの介入は、大災害を食いとめることはできませんが、被害を大幅に軽減することはできます。放射能の被害に関して地球の科学は赤ん坊レベルです。なぜなら放射能のエーテル的な影響を認めていないからです。事故の中心地からときにははるか遠くまで放射能が広がっていることに科学者たちが困惑するのは、ひとつにはこのためでしょう。福島原発の事故は日本だけの災害ではなく、世界全体にとっての惨事でもあるのです。

今度の大災害のちょうど一年前に、ガイアブックス（産調出版）より私の著書『祈りの力を活かす』が出版され、日本の皆さんがスピリチュアルな実用書として苦難のなかで祈る際に活用できるようになっていたことは幸いでした。そして今も祈りは必要とされています。私たちは祈りによって前向きなエネルギーを送るごとに、人類と世界全体の状態を少しずつ改善しているはずです。私たちがそうやって祈ることを、地球外からの訪問者たちは待っているのだと私は信じています。

福島原発事故や、あるいは人類が直面しているほかの大惨事においても、私たちが宇宙のマスターに一歩近づくごとに、かれらは二歩近づいてくれるのだと考えれば、おおいに励まされます。それこそが、まさしく地球を救う秘訣なのです！

リチャード・ローレンス

# もくじ

First published in the United Kingdom under the title UFOs and the Extraterrestrial Message
by Cico Books, an imprint of Ryland Peters & Small Limited
20-21 Jockey's Fields
London WC 1R 4BW


Cover image : Jaime Olmo

# 序文

## イエスの誕生は

数千年の昔、三人の男性が夜空を飛ぶまばゆい光を目撃しました。当時の学問をきわめていたこの三人は、天文学と占星術の両立を理解し、まやかしや迷信のたぐいにはだまされませんでした。かれらの見た物体は星にそっくりでしたが、それはありえないとわかっていました。なぜならその物体は移動していたのです――ある特定の方角へ向かって。

今日《こんにち》、空に動く物体を見つけたあなたは、人工衛星か航空機か探測気球か、なんらかの地球上の物体だろうと思うでしょう。しかし当時はまだそんな発明品は存在しません。隕石は流れ星として観測され、空を流れる光となって消えていきますが、計画的に飛行したりはしません。彗星や太陽や惑星はあまりに遠すぎて、地球上からは動きを特定することなどできません。しかもかれらは裸眼で、おそらくはラクダに乗って空を眺めていたことでしょう。

大昔の証言によれば――最初は口伝えで、のちに書物に記録されましたが――その三人の男性が光を追っていくと、それはとある建物の真上で止まりました。三人はあるものを探して旅をしており、その光景はかれらに深い意義と希望を与えました。そしてまさしく、光が真上で停止したその建物のなかに、かれらは探し求めていたものを見つけたのです。

かれらはもちろん、東方の三博士であり、空飛ぶ物体はベツレヘムの星、そしてかれらが探していたのはイエス・キリストです。マタイによる福音書の第二章九節から十一節を以下に引用します。

九　かれらは王の言ったことを聞いて出かけた。すると、見よ、東方で見た星がかれらを先導し、ついに幼子のおられる所まで進んでいき、その上にとどまった。

十　その星を見て、かれらはこの上もなく喜んだ。

十一　そしてその家に入って、母マリヤとともにおられる幼子を見、ひれ伏して拝んだ。そして宝の箱を開けて、黄金、乳香、没薬を贈り物としてささげた。［日本聖書刊行会『新改訳　新約聖書』より］

ユダヤのプラトン哲学者フィロンは、旧約聖書に注釈を加え、イエスと同時代人でもありましたが、彼はこう記しています。ペルシアにはマギという祭司階級があり、かれらは〝密かに真理の知識を得るために自然の作物を研究していた〟。祭司たちは言葉よりも鮮明な幻覚を通して聖なる主の啓示を受けたり、与えたりしていたそうです。つまりかれらは叡智を得る方法として内面の悟りを修養する神秘主義者だったことがうかがえます。この物語の賢者たちはペルシア人の、おそらくはゾロアスター教の祭司であったと一般に信じられており、ゾロアスター教では、ユダヤ教と同様に天国から降臨する救世主を信奉していたことは意義深いでしょう。学者たちのなかでは、実際は賢者は三人以上いたのではないかという意見もあります。三人と歴史に記されたのは捧げ物が黄金、乳香、没薬の三つだったからというのです。

ベツレヘムの星が天文学上のどの星であったかについては、多くの研究がなされてきました。木星だとか、彗星だとか、超新星だとか天文学者や科学者のさまざまな意見がありますが、この動く物体がどのように〝幼子のおられるところでとどまった〟のかについては、説明がついていません。たとえ特異な惑星の並びや特殊な天文学的出来事がイエスの誕生の頃に起きていたとしても、マタイの福音書の内容を説明づけることはできないでしょう。

その二千年後、一九五八年の七月二十三日、海を見おろす小山に一人のイギリス人男性がヨガのポーズで坐り、世界の平和を祈っていました。すると視界の隅に、青く輝く球体が夜空を飛んでくるのが見えました。その光は男性の目の前の海上で止まりました。彼は祈りつづけました。

数分後、はるか昔に賢者たちが目にした存在がほんの数メートル先に立っていることに気づきました。しかし今度は産着にくるまれてはいません。その人は背が高く、光り輝いていて、青みがかったまばゆい光の衣をまとっていました。主イエスが、イギリスのデボン州クーム・マーティン近くのホールドストーン丘陵に現れたのです。この役目のためにみずからお選びになったチャネル、ヨガの達人ジョージ・キング博士を通してスピリチュアルな力を注ぎこむために。そこは世界の聖なる山のひとつとなりました。力を注ぎこみ終わり、神聖な存在が去っていくときのことを、キング博士はこう表現しています。

「彼は貫くような、しかし優しいまなざしでしばし私を見つめ、やがて三十メートルほど離れた地上に浮かんでいる淡く光る物体から緑の光が広がってきた。主イエスは光のなかへ入り、消えてしまった。

空高くに青い球体が二つ、瞬かない星のように浮かんでいた。三つめの球体がのぼっていってそこに加わった。そして三つの宇宙船は素早く西の地平線へと消えていった。あのお方が宇宙へと還り、私の使命は完了したのだとわかった」

五十年後の二〇〇八年七月二十六日、その非凡な出来事を記念して一三〇人の巡礼者がホールドストーン丘陵に登り、偉大な地球外の存在に感謝の祈りを捧げました。数時間のうちにイギリス全土の各地でUFOの目撃情報が大量に寄せられたことが、のちに全国紙で報じられました。〈サン〉紙によれば「先日の土曜の夜に全国から寄せられたUFO目撃の記録的な数の多さに、専門家も当惑している。空を飛ぶオレンジ色の輝く球体や、不思議な瞬く光など、謎の物体があちこちで目撃された」ということです。七月三十日水曜日の〈ノース・デボン新聞〉は、巡礼のわずか二、三時間後に十キロほど離れたサウス・モルトンで目撃されたUFOの記事を第一面に載せました。夜の十時頃、庭で坐っていたある家族は近づいてくる物体を見ました。それは速度を落として家の上を旋回してから、四〇度の角度でものすごいスピードで星々のあいだに消えていきました。そこからさほど遠くないバーンステープルでも、二つの物体が目撃され、さらにベッドフォードシャー、マンチェスター、レスター、ウェイクフィールド、ゴーリング、ベジンストークなどイギリスのあちこちで、その晩は目撃情報が相次いだのです。

〈エセリアス・ソサエティ〉の会員と友人たちを巡礼登山に率いていく役目を光栄にも与えられていた私は、いくつかのラジオ番組に出演し、UFOとスピリチュアリティのつながりについて論じました。このつながりは、私たちのこの時代のもっとも重要な現象を解く鍵であると私は信じています。協会のヨーロッパ部門の事務局長を三十年以上務めてきたなかで、われらが宇宙の訪問者たちがさまざまな機会でスピリチュアルな影響をもたらすのを目の当たりにしてきた私は、個人的な経験からもその信憑性を保証できます。〈エセリアス・ソサエティ〉は地球外生命体やそのメッセージとわれわれの世界との真の関係について世界に広めるために、一九五五年にキング博士によって設立された世界的なスピリチュアル組織です。メッセージそのものよりさらに重要なのは、協会がこれらの知的存在とさまざまな方法で人類の向上のために直接協力し合っているということです。読者のなかには非常に奇妙に思われる方もいるでしょうが、本書を読み終える頃には私の言葉に真実の響きを感じ取っていただけることを願っています。

## フィクションではない現実

人間の奇妙な心理的癖のひとつで、私たちは人生で起こる通常とは違う出来事をなかなか信じることができません。何千年も昔の信心深い人々は、モーセの前で紅海が分かれたことや、聖者クリシュナの神の力と顕示や、処女降誕やイエス・キリストの復活を完璧に受け入れていましたが、現代のきわめて重大なスピリチュアルな出来事はまったく別物というわけです。

はるか昔に起こり、何代にもわたって固く信じてきた出来事は比較的受け入れやすいけれど、そういう出来事が現代にも起きているという考えは不穏で恐ろしいと感じるのです。論理的には偉大なスピリチュアルな出来事は昔にしか起こらないと考える理由はまったくないにもかかわらず。いっぽう、今日の私たちの世界が直面している前代未聞の難題は、神の介入をかつてないほど必要としていることを示しています。地球外の宇宙船とそのメッセージが今までにないほど必要とされているのだと私は考えています。

現代よりも大昔の出来事のほうが受け入れやすいのと同じで、人々は超常的な出来事の真相を実際の記録としてよりもフィクションとして示されるほうが対処しやすいものです。フィクションは多くの真実を含んではいますが、しょせん作り話だという逃げ道がつねに用意されています。現代の実際の出来事は私たちの現実や真実の理解に影響を与えます。フィクションという緩衝材がないと、中立の見方ができません。受け入れるか、否定するかのどちらかしかないのです。

私たちが神々、あるいは宇宙のマスターたち、呼び名はなんでもかまいませんが、かれらの助けを必要としているとすれば、それはまさしく今です。私たちの生態環境は深刻な危機に瀕しています。

地球文明において初めてわれわれそのものを滅ぼす力を有しています。人口過剰の問題、多くの紛争があいかわらず激しくつづき、よりいっそう破壊的な武器が用いられ、新手のテロの脅威にさらされ、貧困問題の規模は膨大です。奇跡的な出来事が、天からの介入が、今にもなされようとしているときに、どうして大昔の文献をあさったり、並外れた出来事から目をそらしてフィクションの世界へ逃げこもうとするのですか？

それにどうして信仰篤い人々は、両親の信念に従おうとするのでしょう？　そんなふうに考える理由はまったくないのに。なぜならあなたがたは特別な信仰のもとに生まれてきたのですから。これこそ真の、もっとも効果的な、神に従う道です。誰もが必ずしも親の職業を継ぐわけではないのに、どうして宗教は引き継ぐのですか？　ほかの信仰について調べるのが面倒だから？　ほかのものが真実だとわかったら都合が悪いから？　それとも怖れているから？

現実に起きていることに人々が対処できないからこそ、政府はＵＦＯに関する不都合な真実を大々的に隠蔽しようとするのではないでしょうか？　それでも、長年、政府やマスコミや懐疑的な団体によって正体をあばこうとする試みが無数になされているにもかかわらず、ＵＦＯは世界中のあらゆる場面で人々に目撃されています。偽物だと証明したと称する人々がしばしば現れ、ＵＦＯ現象なんてもうすたれたと断じる人々も出てきます。ところが案の定、またしても新たな目撃証言が頻発するのです。いわゆる専門家と言われる人たちがＵＦＯの存在を否定する説明を試みますが、現象そのものに対するのと同じく人々は疑いの目を向けるだけです。

そのいっぽうで政府は宇宙計画に資金を投じてきました。もっと身近なこの地球で何千もの命を救えたはずのお金を。最新鋭の望遠鏡を銀河のはるか遠くへ向け、生命体のいる惑星を探していますが、たとえ見つかったとしても、どうやってその星の住人と連絡を取るのかについては誰も考えついていません。最新の試みにも関わらず、それらの惑星へ行く技術はいまだ存在せず、膨大な資金をかけた研究で生命体の存在を証明できたものは皆無です。〈スター・トレック〉の言葉を借りれば、「われわれには未知の」生命の存在を。

それからまた、政府に雇われてわざと恐ろしいデマを広める人々もいます。かれらが侵略してきたらどうする？　どうやって身を守ればいいだろうか？　これには簡単な答えがあります。身を守ったりはしません。とうてい無理だからという理由だけでなく、ありがたいことにその必要がないからです。幸運にもかれらは敵ではないのです。もし敵であれば、とっくの昔にわかっているでしょう。恐怖と敵意の種をしばしば蒔いてきたさらに悪意に満ちた考えは、かれらはわれわれの家畜を惨殺しに来るというものです。この説によると、はるかに進んだ技術を有する存在が、何百万キロものかなたからやってきて、われわれの理解を超えた洗練された科学力を駆使し、残酷な関心のために異星の家畜を殺すというわけです。このたぐいの説には反論する価値もありませんが、ただ、これから本書で詳しく説明するように、UFOはもっとずっと高尚な目的のために地球に来ていると答えておきます。

誘拐説もまた議論の的になる説です。もちろん、どんな話題にもつねに心を開いているべきですし、この現象を調査して、なにか超常的なことがいくつかの誘拐例では行われていると結論づける人はいるかもしれません。しかしながら、宇宙を途方もない速度で移動する技術を持つ異星人が、ほかの星の生物に奇妙な手術を行いたいという不健全な欲望を抱いているとして、いくつかの証言のように、ベッドに寝ている人を宇宙船にさらっていって、妙な物を埋めこんだりする必要があるでしょうか？　そうしたければ世界中の病院を占領して、心ゆくまでせっせと埋めこみ手術をすればいいではありませんか。

これについても、異星からの訪問者はもっとはるかに高貴な存在であるという理由で否定せざるを得ません。もっともいくつかの誘拐例については真剣に考慮すべきであり、過剰な空想と片づけてしまうわけにはいきません。たとえば敵意とはほど遠い異星人との興味深い遭遇が報告されており、ある人々はテレパシーで話しかけられて天使の声と勘違いしたという話もあります。シェイクスピアのハムレットもこう言っています。「ホレーショよ、天と地のあいだには人智の思い及ばぬことがいくらもあるのだ」シェイクスピアの時代のイギリスでは超常的な現象は魔術や幽霊のしわざと考えられたかもしれませんが、現代ではまったく関係のないことでもやたらと宇宙人のせいにされがちです。開かれた心の研究者としてたどりつく唯一の結論は、UFO現象の背後には計画があるというものです。それは壮大な宇宙規模の計画であると同時に、きわめて精妙で、まぎれもなく慈愛に満ちていまそうでなければ、あなたは本書を読んではいないでしょうし、私も書くことはなかったでしょう。ずっと昔に議論は終わっていたはずです。

## 真実を確かめるために

本書はたんに長年にわたり世界各地で目撃されてきたUFOの情報を集めたものではありません。そういうものならインターネットで容易に見つかりますし、本もたくさん出ています。UFOは歴史を通じて目撃されてきたことが確かである以上——洞窟の壁画、古代の聖典、土着民族の伝承、エジプトの象形文字、中世ヨーロッパのモザイク画、近代のメディア、その他のさまざまな場面において——情報を挙げ連ねても退屈なだけです。以前、ロンドンの〈タイム・アウト〉誌に私のこんな言葉が引用されました。「UFO探しは電車オタクの宇宙版」。これはべつに宇宙からの訪問者をばかにして言ったわけではありません。私が言いたかったのは、UFOの目撃についてしゃべりたてるだけでは大事な焦点を見失ってしまうということです。つまり、かれらが現れる理由について。

本書はまた、政府によるUFO情報の隠蔽工作について検証するものでもありません。長年、UFOが目撃されつづけてきたことと、それを隠蔽しようとする現代政府の試みは、このテーマにおいて不可欠であり、詳しく言及すべきですが、それによってＵＦＯに関する重要な疑問が解けるならの場合にかぎります。

そういうわけで、本書は新たなＵＦＯ情報を網羅したカタログではなく、私たちの世界に対してかれらが抱いている計画について重要なことを論じるものです。かれらはどういう存在なのか？　かれらがすべての人類の前に姿を現す日は来るのだろうか、だとすればいつ？　それらの疑問の答えを求めて、この道三十五年間の私の経験のなかで出会ったもっとも意義深い遭遇体験のいくつかを紹介してあります。そのなかには私も個人的に関わっているものもあり、世間に広める責任があると感じています。しかし理由はそれだけでなく、それらがＵＦＯの行動の顕著な例だからでもなく、それらの遭遇体験が宇宙船をコントロールしている存在や、かれらが私たちの世界に伝えようとしているメッセージについて教えてくれるからです。

さらにまた、私が事実だと確信している、現代におけるそれらの存在との定期的なコンタクトについても述べます。それ以外のコンタクトはいんちきだと言うわけではありませんが、ほかの事例は自分の目で確かめたのではありません。本書に挙げる遭遇体験は、私が二十年以上にわたり、光栄にも身近でともに働かせていただいてきたジョージ・キング博士のものです。長年のつきあいで私は博士の言葉はすべて真実であると知っています。本書を読まれたあなたはどんな結論を抱かれるでしょうか。

一九五〇年代の最初の頃のコンタクトで、キング博士は私の信じるところではわれわれの世界にとってかつてないもっとも偉大な教えともっとも深遠な啓示を受け取り、それらのいくつかは本書の最終章に載せてあります。出版物としてはほかで入手できない、キング博士が宇宙の源から受け取った情報を公開する許可をくださった〈エセリアス・ソサエティ〉の国際理事の方々に深く感謝します。古代の叡智、とりわけヨガの伝統を崇敬する者として、キング博士の伝える宇宙の叡智はそれらをはるかにしのぐ、本当に素晴らしいものだと思います。

初期のコンタクトではまた、当時、議論の的になっていた問題にも焦点が当てられています。そのうちのひとつはやはり、UFOに関する情報の世界的な隠蔽工作で、第三章で詳しく語りますが、真否について徹底的に検証されています。もうひとつは、冷戦により激化した核拡散への狂気の行進について で、三つめは地球が回復するには何世代もかかるほどの世界的な壊滅をもたらすであろう第三次世界大戦をどう防ぐかという問題です。それにもまして意義深いのは、地球外の宇宙船やわれわれの星とその住人に向けて放つ救命エネルギーを利用した進化したテクノロジー操作によって、スピリチュアルな介入を促そうというかれらの計画についてです。これらの計画の一部がどのように達成され、また今この日までもどのように引きつづき行われているかについても簡略に話すつもりです。

真実を確かめるためには、主観的体験と客観的体験が欠かせません。本書に述べられているような客観的な証拠のみで納得する人もなかにはおられるでしょうが、最終的な判断において、私たちは論理的な推論や知的な議論によって示されるより、直観のレベルで信じることが多いものです。私たちはしばしば人生の大きな決断を、心の奥底の感情によって下します。人生の伴侶を選ぶのは、討論会で決められたからではなく、相手を愛しているからです。

理性と直観はどちらも大切ですが、直観は――それを感じられるとしてですが――決して私たちを裏切りません。かたや理性は、自由裁量の事実によってかぎられています。たとえばアリストテレスは彼の知り得た事実によって、弁証法の父とされていますが、宇宙の真の性質についてはまったく理解していませんでした。同じ時代に東洋では神秘主義や霊的な伝統に基づいて、宇宙には仏教で言うところの〝ローカス（天上界）〟があって神々が住んでいると広く信じられていました。両者のうちでは、覚醒した師の深い直感的な悟りや瞑想による東洋の信仰のほうが、古代ギリシアの思想家による論理的思考よりはるかに真理に近いのです。サモスのアリスタルコスは注目すべき例外で、太陽中心説を擁護していましたが、当時は異端扱いされていました。昨今の多次元宇宙という考えは、神々の住まう何段階もの天上界があるという古代東洋の信仰とさほどかけ離れてはいないのです。これについても探求します。

星々には天使が住んでいるという中世のキリスト教的思想も、迷信にすぎないと思われがちですが、地球外生命体などいないとする二〇世紀後半の考え方に比べたら、よほど真理に近いのです。スピリチュアリティと科学はどちらも真理に根ざしていると私は信じています。これは神という概念は妄想だと断じる今日の頑迷な無神論の科学者たちの考えとは明らかに矛盾しますが、かれらはそう断じることでかれら自身の大事な原理大系に反しています。神は存在しないと断言することは科学的ではありません。いまだ証明できないことなのですから。歴史上の有名な科学者たちのなかには、強い宗教的あるいはスピリチュアルな信念を抱いている人たちもいました。ダーウィンとアインシュタインの二人がまず挙げられます。ほかにも科学的研究をつづけるなかでスピリチュアルな原理への信仰を深めていった人々がいます。サー・オリバー・ロッジ［訳注　英国の物理学者］とアーウィン・シュレーディンガー［訳注　オーストリアの理論物理学者］がその例です。

偉大な科学者のなかでも科学とスピリチュアリティ、論理と直観の融合においてもっとも有名なのは、一七世紀の天才、サー・アイザック・ニュートンです。彼が錬金術の秘法の研究に大半のときを費やしていたことは、あまり知られていません。錬金術などたわごとだと退ける向きもありますが、自然科学と同時に神秘主義の秘法に傾けた彼の不動の情熱こそが、あの非凡な理解力を生んだのです。私たちの直観はまったく意外なときに訪れます。ニュートンの場合は、英国グランサム近郊の生家、ウールスソープ邸の窓から外を眺めていて、庭のりんごが木から落ちるのを見たときでした。まったくの偶然にしか思えない出来事によって、科学が一変してしまうとは、誰が予想できたでしょう。こんな小さな出来事が重力の発見という偉大な結果につながるとは。

ニュートンのりんご事件の二千年前、アルキメデスは入浴中に浮力の原理を発見しました。公共浴場は何度も訪れていましたが、このとき、タイミングと条件がぴったり合わさり、求めていた答えがひらめいたのです。アルキメデスは風呂から飛びだすと、シラクーザの通りを「わかったぞ!」という意味のギリシア語〝ユリーカ〟と叫びながら走ったと伝えられています。

私たちのすべてが〝ユリーカの瞬間〟を体験するとはかぎりませんが、一生が変わるような体験を一度はしていることでしょう。私にとっては、イギリス北東部のハルという町で、七〇年代の初めに演劇と音楽を学ぶ学生だった頃に起きました。ほとんどの学生と同じで、私たちもお金がなくて生涯の親友ジョン・ホルダーとつましい共同生活をしていました。私たちははるかに重要なものも共有していました。スピリチュアリティに寄せる深い関心と〈エセリアス・ソサエティ〉です。UFOは私たちにとって最大の関心事でした。今もそうですが、私たちはUFOは何千年も昔から私たちとともにあり、時代を通じて特殊なコンタクトをしてきたのだと信じていました。

ジョンと私はスカッシュの選手で、あまりに練習熱心なために運動靴がいつもすぐだめになってしまいました。そんなある日、私はささやかな選択をしました。スカッシュをするのは履き古した靴で我慢し、〈エセリアス・ソサエティ〉の書籍を買って私たちの世界に対する宇宙の計画についてもっと勉強しようと思ったのです。新しい運動靴をあきらめることはおよそ歴史的な偉業とは言えませんが、私にとってはとても重大な選択でした。

その数日後、何百人というハルの市民が夕暮れの空をゆっくりと飛んでいく葉巻形のUFOを目撃しました。ニュースでそれを知ったジョンと私はおんぼろ車に飛び乗り、UFOが目撃された地点へ急ぎました。確かにそれは空に浮かんでいました。大きくて細長い白く輝く物体が。私たちは車を止め、もっとよく観察しようと草原を駆けていきました。雨か露のせいで、草は湿っていました。私たちはオークの巨木のそばに立ち、UFOに違いないその物体をじっと見ていました。やがてそれは木の梢に隠れて見えなくなりました。ふと足元を見ると、真新しい運動靴がありました。しかも私のサイズです。私はそれを拾い、ＵＦＯがまた姿を現したので、視界から消えてしまうまでずっと見ていました。もちろんＵＦＯが私のために運動靴を置いていってくれたなどと信じているわけではありませんが、そのシンクロニシティとサインの解釈は正しいと思っています。地球外からのメッセージはなにより重要であり、それを最優先させるならば、ほかの必要なことはおのずと与えられるというサインだと私は考えたのです。以来、実際にそのとおりであることを折に触れて学んできました。

本書はＵＦＯの研究者のみならず、スピリチュアルな求道者のためのものでもあります。この両者はまったく矛盾しないと私は思っています。スピリチュアリティが宇宙的な局面を必要とし、宇宙科学がスピリチュアルな局面を必要としていることは、ますます明白になってきています。ＵＦＯものの本の多くがスピリチュアルなアプローチを否定し、スピリチュアルな本の多くはＵＦＯの重要性に目を向けようとしません。だからこそ私は、本書が両者の隔たりを埋め、双方の意義をより深めてくれればと願っているのです。

ＵＦＯとは〝未確認飛行物体〟を表すもので、すべてのＵＦＯが地球外の宇宙船とはかぎりません。人工の物や自然現象であると簡単に確認できるものもありますが、私は、そして同調者の数が増加していることを考えても、いくつかは実際に異世界の乗り物であると確信しています。宇宙のどこかに知的生命体がいることを証明するためには、一度でも地球外の宇宙船を目撃できればいいのです。ＵＦＯというのはいろいろな意味でこの現象に対する的外れな言葉だと思います。これは六十年も前に考えだされて一躍有名になった呼び名で、当時はほかの名前が広く用いられていました。正直、陳腐とさえ言えるその名前は人々の想像力をとらえ、それは今日までもつづいています。空飛ぶ円盤という呼び名が。

# 第一章

# 空飛ぶ円盤の到来

侵略してくる軍隊には抵抗できる。
だが時宜にかなう思想に抵抗するすべはない。

ビクトル・ユゴー

# 地球外生命体は存在する？

一九四七年六月二十四日、経験豊富なパイロットのケネス・アーノルドは、ワシントン州チャヘイリスからヤキマへプライベート機を飛ばしていました。よくある仕事のひとつでした。彼はふと遠回りして、カスケード山脈の最高峰であるレーニア山の南側で墜落事故を起こしたとされている海軍の輸送機を探してみようと思い立ちました。墜落機は見つからず、ケネスはミネラル市上空で方向転換し、レーニア山の方角へ九〇〇〇フィートまで上昇してヤキマへと引き返しました。気流は穏やかで、空高く飛行しながら、ケネスははるか上空からの地形の眺めを楽しんでいました。

ところが二、三分もしないうちに、まぶしい光が直撃し、ほかの飛行機に接近しすぎてしまったのかと不安に駆られました。しかし空を見まわしてもなにもありません。するとはるか遠くに九機の奇妙な形の飛行機が北から南へ、九五〇〇フィートの上空をレーニア山に向かって飛んでいくのが見えました。ジェット機だろうと思いましたが、形や飛び方が妙です。山に近づくにつれ、山肌の雪を背景に一列になって飛ぶそれらの物体の形がくっきりと見えてきました。時刻は午後三時一分前、晴天で視界は良好でした。

それらの飛行機が山の尾根すれすれに飛んでいくのを見て、ケネスは驚きました。きちんと編隊を組みながらも、高い峰をすいすいとよけていきます。印象的な飛行に感嘆しつつ、機体に尾部がないのが気になりました。三十キロから四十キロほど離れていると推測され、こんなにはっきり見えるのはそれらの飛行機が非常に大きいからに違いありません。両側のエンジンまでの幅はＤＣ－４（大型輸送機）と同じぐらいですが、どういう機種なのかまるで見当がつかず、ケネスは動揺しました。

ケネスはそのときのことを語りながら、今ではＵＦＯの説明として有名になった〝皿のような〟という表現を用いました。九機の飛行船の列は少なくとも八キロに及び、見えていたのは二分半から三分間でした。太陽の光が反射すると、それらは完全に丸い〝円盤〟に見えました。記者たちの反応は懐疑的でしたが、アーノルドは目撃者としてはきわめて信用のおける人物です。高学歴で、成功した会社に勤めるビジネスマンです。消火機器を扱うグレート・イースタン・ファイア・コントロール・サプライという会社で、アーノルドは過去に九千時間もの飛行経験があり、人命救助に献身してきました。スポーツマンで、ダイビングのアメリカ代表チームに推薦されたこともあります。その後、当選はできませんでしたが、アイダホ州副知事に立候補したこともあります。したがって彼は〝頭のおかしな変人〟ではありません。

なんの変哲もないビジネス飛行が、もっとも有名な空の旅となりました。アーノルドは〝空飛ぶ円盤〟という言葉は使わなかったものの、それらの飛行船の飛び方は水面すれすれに飛ぶ皿状の円盤のようだったと表現しました。今日ではおなじみのUFOの呼び名を考えた人物として彼の名は歴史に刻まれることでしょう。良くも悪くも、その呼び名は定着しました。

この出来事の重要性を理解するには、当時の人々の常識を考慮に入れなければなりません。一九四七年八月に行われたギャラップ世論調査で、「これらの円盤はなんだと思いますか」と質問したところ、以下のような結果となりました。

| | |
|---|---|
| 無回答／わからない | 三三パーセント |
| 空想、光の錯覚、蜃気楼 | 二九パーセント |
| でまかせ | 一〇パーセント |
| 合衆国の秘密兵器、核爆弾関連 | 一五パーセント |
| 気象探測機 | 三パーセント |

ロシアの秘密兵器　一パーセント
飛行機のサーチライト　二パーセント
その他　九パーセント
合計（二つ以上の選択あり）　一〇二パーセント

地球外の宇宙船の存在を含む説明がありうると答えた人がわずか九パーセントとは驚きです。世論調査では明らかに、その可能性を具体的に明記するほど重要とはみなしていません。四十年後、一九八七年五月に行われた世論調査では、アメリカ国民の三分の一がＵＦＯや地球外生命体の存在に否定的でした。五〇パーセントの人が「自分たちのような人々が宇宙のほかの惑星に住んでいる」と信じ、三四パーセントは懐疑的でした。四九パーセントがＵＦＯは実在すると考え、不信感を示したのはわずか三〇パーセントでした。

その後の世論調査でも同じような傾向が見られます。一九九六年の〈ニュースウィーク〉誌の調査では、四八パーセントがＵＦＯの存在を信じ、二九パーセントが宇宙人との接触があったと信じていました。翌年行われた世論調査でもやはり、アメリカ人の四八パーセントがＵＦＯは実在すると考えていました。同じ年にＣＮＮと〈タイム〉誌が行った調査では、アメリカ人の六四パーセントが宇宙人は地球上で人間と接触していると信じているという意外な結果が出ました。九〇年代のもっとも驚くべき世論調査は、〝奇妙な真実〟と題された英国の民放テレビ番組で行ったもので、投票した視聴者の九二パーセントが、宇宙人は地球を訪れていると信じると答えました。二〇〇二年に英国の〈スカイニュース〉が行った同様の調査では、六五パーセントの回答者がＵＦＯの存在を信じていました。二〇〇八年の〈サン〉紙の世論調査では、九パーセントの人がＵＦＯを見たと答え、四三パーセントが存在を信じると答えたいっぽう、信じないと答えた人は三六パーセントでした。

ほかにも数多くの調査結果を引用できます。全体的にＵＦＯや異星の生命体や地球における宇宙人との接触を信じる人々の割合は増加の傾向にあり、突拍子もない考えだとする人々はごく少数になっています。この数十年の科学的大発展を思えば、宇宙のどこかに生物が住む惑星があるという考えに対し、人々の意見が大きく変わってきたのも不思議ではありません。エジンバラ大学の研究者ダンカン・フォーガン氏は二〇〇九年に、この銀河にはわれわれとよく似た生命体の知的文明が何万も存在する可能性があると結論づけました。地球外生物学の国際誌に載ったフォーガンの論文では、われわれの住むのと同じ銀河がこれまでわかっている事柄に基づいて太陽系を形成し、発展する様子をシュミレーションしています。シュミレートされたこの異世界はそれぞれ進化の条件の異なる三つのシナリオをたどります。もっとも否定的なシナリオでは、銀河には三百六十一の文明が存在し、二つめのシナリオでは三万千五百十三、第三のシナリオでは三万七千九百六十四と出ました。

ほかの研究分野でも、二〇〇九年に科学的発展があり、宇宙のどこかに生命が存在する可能性がより高くなりました。ＮＡＳＡの科学者らがスターダスト彗星追跡探査機がとらえた小片を分析した結果、グリシンというアミノ酸が検出されたのです。これは生命に必要とされるタンパク質の基本成分で、宇宙で発見されたのは初めてのことです。科学者たちはこのことから、彗星が衝突したおかげで地球に生命がもたらされたと推論しています。つまり同じようにしてほかの惑星にも生命の種がまかれ、進化していった可能性があるということです。ＮＡＳＡ地球外生物研究所の所長カール・ピルチャー氏は、彗星にグリシンが発見されたことは、生命の基本成分が宇宙に広く存在するという考えを支持するものであり、宇宙に生命体が存在するのは珍しいことではなく、ごく普通であるという説をより強固にするものだと述べました。

これらは地球外生命体の存在を支持する最近の科学的発展のうちのほんのふたつです。ケネス・アーノルドが空飛ぶ円盤の目撃というきわめて異例の重要な体験をした一九四七年は、まったく状況が違いました。ほかの惑星に生命体がいる、あるいは宇宙船で地球へ接近してくるなどという突拍子もない挑発的な考えを信じるなんて、社会的に認められることではなかったのです。

## 見過ごせない出来事

世界は第二次大戦の悲劇と恐怖をようやく脱したばかりで、悪名高きナチスによる前代未聞の残虐性に衝撃を受けていました。人々が求めていたのは安定と豊かさ、そしてなによりもまず平和でした。冷戦と核戦争の可能性に直面し、西洋の資本主義国の人々はごく普通の生活を望んでいました。

今では奇妙に思えますが、かつては手紙を出しにいくにも男性は背広を着てネクタイをしなければならず、女性がズボンをはくなど破廉恥きわまりないとみなされていた時代がありました。また、アメリカやヨーロッパのほとんどの人が自分は敬虔なキリスト教徒であると考え、政府は高い尊敬の的だった時代もありました。政治家は偉人として尊敬され、女性が認められることはごくまれで、このきわめて危険な時代のなかで世界の士気を保っていける人物はもっとまれでした。ウィンストン・チャーチルのように。

チャーチルは一九一二年に海軍大臣だったとき、現在私たちがUFOと呼ぶものの初めての査問会議で議長を務めた人物でもあります。これはイギリスのケント州シェアネスで目撃された物体に関するもので、当初はドイツのツェッペリン飛行船と思われましたが、その後の査問でその可能性は除外されました。それから何年もたち、一九五二年の七月二十八日にチャーチル首相は空軍大臣に尋ねています。「この一連の空飛ぶ円盤騒ぎは結局どういうことなのか？　どんな意味があるのか？　真相はどうなのか？」このメモからひとつわかることがあるとすれば、国で一番物事を把握しているはずの人物でさえ、この現象についてはなにもわからなかったということです。チャーチルはこの問題を退けるどころか、答えを探し求めています。

チャーチルのこのメモは、一九五二年の夏にワシントンDCでUFO目撃が頻発したことを受けたもので、それらの物体はレーダーにも現れ、当時の最新のジェット戦闘機より速いスピードで飛行しました。この出来事は当時の合衆国大統領ハリー・S・トルーマンだけでなく、イギリス政府にも影響を及ぼしました。このメモは空軍大臣のド・リル卿ダッドリーに宛てられたものです。チャーチルが受け取ったいかにも官僚主義的で無味乾燥な通信文は、驚くほど懐疑的なものでした。首相に宛てた大臣による覚え書きには、空飛ぶ円盤に関してはまったく心配には及ばず、たんなる錯覚やでまかせであると説明がつき、アメリカ国民も同様の結論に達したと、平然と保証されていました。

これほど重大な事柄に関して真相を求めた首相に対するこの返答は、嘆かわしいほど不適当と言っても過言ではないでしょう。チャーチルの科学顧問であったチャーウェル卿は、大臣の結論に全面的に同意するという説得力のない言葉でサインをしました。首相があやふやな事実でごまかされるとしたら、国民に真実を知るチャンスなどあるでしょうか？　前任の科学最高顧問サー・ヘンリー・ティザードは空飛ぶ円盤現象に関する特別調査委員会を設け、議事録によれば「なんらかの調査もなしに空飛ぶ円盤に関する報告を打ち消すべきではない」と感じていました。今日の研究者のなかには、この特別調査委員会の調査結果を不完全であるとみなす意見もあり、チャーチルが否定的な返答を受けとったのは、これらの調査結果に基づいてのことでした。

ちなみにこの特別調査委員会はその前年に解散しており、個人の政治的な利害がからんでいたようです。チャーウェル卿とサー・ヘンリー・ティザードは長年のライバルで、ティザードは空飛ぶ円盤現象を国防省で真剣に調査すべきだと熱心に訴えていました。もし本当に政治家同士のつまらないいざこざが妨げになっていたのだとしたら、空飛ぶ円盤の乗り手がこの惑星の政治指導者たちと公式に話しあいをする気にならないとしても、無理はないのではないでしょうか？

政治的な策略はさておき、当時の文化的な条件も空飛ぶ円盤を受けつけないものでした。とてつもなく進んだ科学力を有する異星人が存在し、最新鋭の宇宙船でわれわれの星へやってくるという考えは、ごく普通の安全な日常を望む人々の気持ちとはなじみませんでした。挑戦的な発見に対し、疑い深く真相をあばこうとしたり嘲笑したりするほうが楽だったのです。しかしすべての人がそうだったわけではありません。若い世代の音楽やファッションの文化がかつてないほど変化し、特権階級に限られていたさまざまな機会が一般にも開かれてきた時代でもありました。

詐欺がうまくいくのはだまされる側も共犯だからだ、という意見があります。だまされる人は心の奥底ではそうと知りながらも、あえて鵜呑みにして欺かれることを望んでいるのだというのです。もしそれが本当なら、メディアや政府の役人は民衆が求めているものを提示していることになります。目の前の真実を打ち消してくれる都合のよい方法を。開かれた心の研究者にとっては、空飛ぶ円盤が到来している事実は疑いようもありませんが、私たちには嘘とわかっている政府の説明が、異星人の訪問者の存在を信じたくない人々の耳には心地よく聞こえるのです。

第二次大戦中にも、無視するにはあまりに明白な出来事がありました。戦時下のヨーロッパで、連合国やイギリスのパイロットたちが、オレンジ色の光の球と小ぶりの金属の物体を目撃したのです。アメリカ空軍ではこれらの物体を〝フー・ファイター〟と呼んでいました。〝フー〟というのはビル・ホルマンが描く漫画〈スモーキー・ストーバー〉から取った言葉で、その漫画のファンだったレーダー・オペレーターのドナルド・J・メイヤーズが最初に命名しました。フランスで夜間飛行をしていたアメリカのパイロットたちは、ドイツまでかれらのあとをついてきた火の玉がいかに奇妙だったかを明らかにしました。それらの謎の物体は猛スピードでかれらのあとを追ってきて、空の高みへ昇っていくということでした。あるパイロットはクリスマス・ツリーの電飾のようだと表現しました。科学者は対空砲火による残像だと説明づけようとしました。それらを実際に目撃し、事実に基づく報告をした熟練パイロットたちに対して、なんという侮辱でしょうか。

その次に、地球外の訪問者に対するわれわれの認識を大きく揺るがせたのは、ロズウェルの特異な事件で、今日までもその関心はつづいています。ケネス・アーノルドの歴史的なレーニア山飛行の数日後、ニューメキシコ州ロズウェルの北西百二十キロほどの牧場にＵＦＯが墜落したという噂が広まりました。その出来事は七月六日に牧場主のウィリアム・マック・ブラゼルによって、当局に報告されました。七月八日に、ロズウェル陸軍飛行場は、〝空飛ぶ円盤〟を回収したと公式に発表しました。同日、地元紙の〈ロズウェル・デイリー・レコード〉は第一面で、ロズウェル陸軍飛行場に空飛ぶ円盤が収容されたと報じました。構造や外観については明らかにされていないが、地元の住人ダン・ウィルモット夫妻の証言によれば、二枚の皿を合わせた感じの楕円形で、四百五十メートルほど上空を時速六百キロから八百キロで飛行し、内部から光を発しているように輝いていた、と。ウィルモット氏は町でもっとも尊敬されている信頼のおける人物で、氏の推測によると物体の直径は四メートルから六メートルでした。翌日、同紙は〝空飛ぶ円盤〟はじつは探測気球か、あるいはそれに類する気象探査機だったと報じました。

ブラゼル氏は自分の牧場に散らばっていた破片を見つけ、空飛ぶ円盤の一部に違いないと考えました。彼はそのことをロズウェルの保安官ジョージ・ウィルコックスに知らせ、地元の空軍基地に報告がいきました。基地から士官たちが破片を回収しにきて、オハイオ州の研究機関へ送りました。その後、ＵＦＯ自体は持ち直して、もっと目立つ場所へ飛んでいったのだという話が広まりました。同じ週に地元の住人らがＵＦＯを目撃したことで、その話は裏づけられました。地方によくある情報工作の典型と思われるその話は、やがてメディアや政府筋を通じて世界的に広まっていきます。隠蔽のメカニズムがスタートし、空軍関係者は、あれは断じてＵＦＯではなく、気象探測気球だったと明言しました。それ以来、ＵＦＯ研究者や学者、陰謀説を唱える人々のあいだで関心の的となっているのです。

この一件に関する意見は、まったく信じないというものから、ＵＦＯが墜落して、乗っていた宇宙人はアメリカ政府に捕らえられたというものまでさまざまです。個人的には、どちらの意見も極端すぎて否定せざるを得ません。しかしなにかが起こったことは確かです。当時の風潮を考えれば、ニューメキシコの牧場主らはそんなほら話を考えだしてもなんの得にもならないし、ロズウェル陸軍飛行場の強固な姿勢の前では、かれらの話を信じる者は誰もいないでしょう。いっぽう、宇宙を飛んでわれわれの星へ来られる異星人が墜落して、昆虫ほども原始的な種族にあっさり捕らえられてしまうというのも信じがたい話です。

ロズウェルの一件はＵＦＯ研究において象徴的事件となり、一九九七年には十五周年を記念して十万人もの人々がこの地を訪れました。アメリカで一九九九年から二〇〇二年にかけて作られたテレビ・シリーズ『ロズウェル――星の恋人たち』は、今でもイギリスを含め、世界各地で放映されています。ロズウェル事件をもとにしたＳＦドラマです。

今日にいたるまで、実際のＵＦＯの部品などは一切公にされていません。どこかの軍基地に保管されているとか、分解して模倣品を作るのに使われているとか、いろいろな説があります。情報公開法によりＣＩＡなどの機関からロズウェルのＵＦＯ関係の書類を手に入れようという試みは、繰り返し阻まれています。そういう書類自体が存在しないのだとか、安全上の理由で公開できないのだとかいう理由で。

もしもＵＦＯが一九四七年の七月第一週にロズウェルに墜落したとすれば、その現象に関心を惹きつけるために故意にそうしたのではないかと私は思います。噂されているように宇宙人が死亡し、アメリカ空軍に捕獲されたというのはどう考えてもあり得ないでしょう。おそらくは、かれらの宇宙船がどんなものかを私たちに試しにちょっと見せるために、その事件を利用したのかもしれません。しかし、そのチャンスを当局者たちはかれらの狙いどおりには受けとめませんでした。代わりに隠蔽のしくみが作動したのです。ＵＦＯ研究者はそれまでも賞賛とは無縁でしたが、一九九五年にロズウェルで捕らえられた宇宙人の解剖シーンを撮ったとされるフィルムが公開され、一部のあいだで信じられたものの、のちにねつ造とわかって以来、ますます評判を落とすはめになりました。

今日では、ロズウェル事件は観光事業の目玉となっています。国際ＵＦＯ博物館とロズウェル研究センターは一九九一年に合併して非営利団体になり、一九九二年に一般公開されるようになりました。共同創設者のひとりは元ロズウェル陸軍飛行場の広報官ウォルター・ホート中尉で、一九四七年に地元基地司令官の指示で最初の新聞発表を行った人物です。博物館には宇宙船の破片や事件の証拠とされる品が展示されているということです。ともあれ、ロズウェル事件はＵＦＯ伝説の殿堂入りを果たしました。しかし真相は、一九三九年にロシアを評してチャーチルが言った言葉を真似れば、謎に包まれたままです。

## 懐疑主義と隠蔽

新聞で報道されるＵＦＯ関連の記事がいかに扇情的でも、ハリウッドで作られるＵＦＯ伝説とは比較になりません。二十世紀の初めから欧米ではＳＦ映画がしばしば作られ、一九三八年十月三十日にハロウィン企画としてコロンビア放送のラジオ番組で、オーソン・ウェルズ監督・ナレーションの、あの伝説的なＨ・Ｇ・ウェルズの小説『宇宙戦争』が放送されました。あたかも本当のニュースのように、火星人が侵略してきたと告げられ、動転する聴取者もいました。どれだけのパニック状態になり、どれだけの人々が隠れ場所を求めて家を逃げだしたかについて、今でも議論が交わされています。少なくとも、騒動に対して相当な怒りの声が上がったことからして、それだけ多くの人が異星人の存在を信じたということでしょう。

一九五〇年代以降、SFのジャンルは本領発揮します。質はともかく量においては。というのも多くは低予算のB級映画なので。『地球の静止する日』(1951)は注目すべき例外として、ほとんどの作品は『遊星よりの物体X』(1951)、『月の使者レーダーマン』(1952)、『惑星アドベンチャー／スペースモンスター襲来!』(1953)、『それは外宇宙からやってきた』(1953)など恐怖をあおり立てるものばかりです。最近ではかつて評判になった映画のリメイク版も作られています。二〇〇五年にトム・クルーズ主演で『宇宙戦争』、二〇〇八年にはキアヌ・リーヴス主演で『地球が静止する日』など。

ドラマのファンが好きな登場人物の素振りや話し方を日常で真似るというのはよくある話ですが、同様に、SFも新奇な出来事や空飛ぶ円盤に対する人々の姿勢に影響を与えます。恐ろしい題材は宇宙船や異星からの訪問者を信じている人々を感化し、現実離れした鮮やかな映像でそそのかします。フィクションとして成功するには、観客、聞き手、読者に信じさせることが求められます。疑いの気持ちを一時的に保留にさせないことには、真剣にストーリーにのめりこむことはできません。一九五〇年代から今にいたるSF産業の急成長はわれわれの文化の大きな一部を担い、それらの映画を鑑賞することでますます多くの人々は地球外の宇宙船の存在や、その乗り手たちとの接触という現実に心を開くようになってきています。

この現象を信じたい人々の心をSFの舞台に駆り立てたのは、政府の懐疑主義だったと言えるのかもしれません。ところが矛盾することに政府は空飛ぶ円盤を否定しつつ、極秘に調査しています。〈円盤プロジェクト〉と名づけられた最初の調査は、一九四七年にケネス・アーノルドの目撃証言につづいてアメリカ空軍が行ったものです。一九四八年一月二十二日にこの調査は正式に認められ、〈プロジェクト・サイン〉と改名されました。さらに一九四九年二月に〈プロジェクト・グラッジ（訳注　苦渋の意）〉と改名されましたが、この調査に対する政府の感情を率直に表すかのような命名です。一九五一年九月十一日、エドワード・ジェイムズ・ラペルト大佐が調査を引き継ぎ、〈プロジェクト・ブルー・ブック〉と改名されました。空飛ぶ円盤の代わりにＵＦＯ（未確認飛行物体）という頭文字語を広めたのは空軍将校のラペルト大佐です。宇宙船を動く陶器と称する想像力に欠けたつまらない表現に比べたら、ＵＦＯのほうがはるかにましでしょう。ＵＦＯという呼び名は少なくとも異世界の乗り物を表していますし、ある人々にとっては意味のある言葉です。

一九五三年、ＣＩＡが空軍のＵＦＯプロジェクトのメンバーと開いた会合は、その中心役となったカリフォルニア工科大学の物理学者Ｈ・Ｐ・ロバートソン博士にちなんで〈ロバートソン・パネル〉と呼ばれました。ＣＩＡがＵＦＯは偽りだとする態度を示すようになったのは、一九七四年に情報公開法に基づいて、当初は極秘扱いだった〈ロバートソン・パネル〉の報告書が公開されてからのことです。

いっぽう、まじめなノンフィクションのＵＦＯ本がしだいに登場しはじめます。なかでも影響力があったのは、一九五〇年に出版された、アメリカ海軍航空隊のドナルド・キーホー少佐が書いた『The Flying Saucers are Real（仮邦題　空飛ぶ円盤は実在する）』でしょう。少佐はほかの著書のなかでも、空軍内の内通者から得た空軍情報部の情報を明かしたと述べています。一九五八年一月のＣＢＳのインタビュー番組〈アームストロング・サークル・シアター〉で、キーホー少佐はＵＦＯに政府が関心を持っている真相を暴露しようとしましたが、プロデューサーが会話をカットしてしまいました。のちにわかったことですが、少佐が明かそうとしたのは、一九四八年の極秘報告でＵＦＯは地球外から来たと結論され、一九五二年の情報部の分析で、それらの宇宙船は知的に操縦されていたと結論されたということでした。

一九五二年四月の『ライフ』誌に「宇宙からの訪問者は来ているのか?」と題された草分け的な記事が載りました。雑誌の表紙には、ハリウッドの伝説的女優マリリン・モンローのおなじみの写真と並び、こんな言葉が印刷されていました。「宇宙船を証明する実例がある」記事を書いたH・B・ダレイク・ジュニアとロバート・ジンナは、多くの目撃例は説明がつかないことを空軍は認めるつもりであり、著者らはそれらの乗り物の科学的な証拠として自分たちの見たことを提示すると述べています。空軍は未確認飛行物体に関する調査と研究を続けており、軍用機は傍受を試みるよう指示され、レーダーや撮影機器のおかげでより詳しいデータが入手可能となったことは事実であるとかれらは述べています。著者らはまた、空軍が実際の未確認物体を可能なかぎり回収したがっているとも述べています。この記事を読めば、国防省の高官たちは宇宙から訪問者が来ていることをきわめて真剣に考えていると、あなたも結論づけるかもしれません。ところが数ヵ月もすると、空軍は本物と思われる目撃例を気象現象だとごまかそうとするのです。

一九六〇年代になっても状況は同じでした。ときおり偽装の沈黙の壁にひびが生じることがありました。たとえば一九六五年十月五日、宇宙船ジェミニ四号の宇宙飛行士ジェイムズ・マクディヴィットは、テキサス州ダラスの記者会見でUFOは紛れもなく存在すると認めました。その後同じ年に、宇宙船ジェミニ七号の宇宙飛行士フランク・ボーマンとジェイムズ・A・ラベルもUFOを見たと証言しています。一九六八年八月、当時最先端の気象物理学者ジェイムズ・E・マクドナルド博士が、ボーイング社の幹部との会合で意義深い証言をしました。地球外の訪問者は多次元的な存在で、精神的あるいはスピリチュアルな意義を持っていると指摘したのです。いっぽうソ連では、ロシア人の科学者フェリックス・ジーゲル博士が、一九六七年二月の『ソヴィエト・ライフ』誌に掲載された記事で、ソ連でもUFOは目撃されており、その地球外の出身地を真剣に考察すべきであると述べています。

しかしながらこうした率直で心の開かれた人々の発言は、官僚主義の無情な手ですぐに握りつぶされてしまいます。一九六九年一月、米国科学アカデミーはコンドン・レポートを承認し、政府の乗り気でないジェスチャーは慢性的なものになってしまいます。UFO現象の真相に命を吹きこもうとする努力は、この報告書によって手ひどい打撃を受けました。報告書に名前のついたコロラド大学のエドワード・コンドン博士は、多くのUFO研究者から深い疑惑の目で見られている人物です。その報告書により〈プロジェクト・ブルー・ブック〉は打ち切りとなりました。そのプロジェクト自体、きわめて的外れでなんの効力もないものでしたが、少なくとも真実を追究するふりだけはしていたのです。

その報告書は九百ページにも及ぶ分厚いもので、私も読んではいませんが、頭ごなしの否定に満ちているとみなされています。たとえば、UFO目撃例の三〇パーセント以上は調査した科学者たちも説明づけられないにもかかわらず、それ以上調査しても得るところはないと断じています。とうてい受け入れがたい話ですが。さらに残念なことに、その報告書を『サイエンス』誌などを含めて当時のメディアの多くが真剣に受けとめたのです。

「未確認飛行物体の科学的研究」と題されたその報告書は「真実を阻む障害」と名づけたほうがよほどぴったりでしょう。しかしUFOの真相を明かそうとする試みに対する打撃は深刻でしたが、決定的なものではありませんでした。マクドナルド博士のように、孤立しながらも異議を唱えつづける人々がいたのです。UFO問題に関して空軍の顧問をしていたJ・アレン・ハイネック博士は、その報告書を題名に反した奇妙な科学論文だと評しています。アメリカ空軍が二十年間悩まされてきた未解決の事例の疑問は依然として残されたままだと博士は言います。それにもかかわらず、空軍はコンドン・レポートの勧めに従い、〈プロジェクト・ブルー・ブック〉を打ち切り、UFOの調査をやめました。

フランシス・ドレイク卿は世界をめぐる航海に旅立つ際、当時の高名な政治家フランシス・ウォールシンガム卿にこう手紙を書いています。「完全にやり遂げるまでたゆむことなく、身をゆだねるのは真実の栄光のみ」ありがたいことに、ＵＦＯ研究を公式に打ち切るという政府の熱意を欠いた恥ずべき隠蔽行為も、空飛ぶ円盤あるいはＵＦＯ現象を終わらせることはできません。今後も政府は秘密裏に、そしてますます増えつつあるＵＦＯに魅せられた人々も、これらの物体が空に現れる理由を求めて調査を続けるでしょう。それを知るには、ＵＦＯに乗っている人と直接コンタクトした人々の話を聞く必要があります。

第二章

# かれらは接触する

偉大に生まれつく者もいれば、偉大なことを成し遂げる者もいる、
さらに押し上げられて偉大になる者もいる。

ウィリアム・シェイクスピア

## ジョージ・アダムスキーの証言

高名な海底探検家ジャック・クストーは言いました。非凡な人生を生きる機会を与えられたら、それをひとり占めしてはいけない。地球外生命体とコンタクトした人々にもまさしく同じことが言えます。UFO接触者は三つのタイプに分かれます。偽物、妄想、本物です。この三つのうち、最後のタイプが一番まれです。しかし確実に存在し、そうでなければ私はこの本を書いていません。ほかの二つについては、今日では妄想タイプがより多いですが、一九四〇年代から五〇年代の初めにかけては事情が違っていました。当時は金儲けを目当てに異世界との接触を吹聴するペテン師がいたことでしょう。たいていの場合、狙いがはずれ、嘲笑や罵倒の的になり、金銭的な見返りはほとんどありませんでした。

妄想タイプはもう少し厄介です。明らかに精神的に問題があり、現実には起きていないことを起きたと心から信じ、鮮明な想像と現実の区別がつかない人々がいます。また、ある種の特異な体験を、異星人との接触だと勘違いしている人々もいます。そういう人々は嘘をついているわけではなく、自分の言ったことを信じていますが、実際は異世界の存在と接触したわけではありません。かれらが接触したのはアストラル界の存在か、地球上のなにかほかの超常現象でしょう。何者かに出会い、それを宇宙人だと信じているのかもしれません。かれらの主張――誘拐されたという訴えがもっともありがち――にどれほど信頼できる根拠があるか、慎重に見きわめて調べるのが最善の方法です。

ここでは本物、もしくは本物と思われる例に的を絞りたいと思います。徹底的な調査研究とはとても言えませんが、以下に挙げるのはもっとも意義深い体験のいくつかです。今世紀でもっとも重要な接触だと私が考えるのは、ジョージ・キング博士の体験です。しかしそれ以前のとくに有名な現代の接触者としては、ポーランド生まれのアメリカ人、ジョージ・アダムスキー（一八九一－一九六五）が挙げられます。一九四六年十月九日、アダムスキーはカリフォルニア州パロマ・ガーデンズの自宅の庭で友人たちと流星雨を見ていました。その晩、その地域一帯の多くの人が同じことをしていました。流星雨の最大の見どころがすぎ、アダムスキーと友人たちが家に入ろうとしたとき、大きな黒い物体がパロマ山の南の上空、サンディエゴの方角に浮かんでいるのが見えました。それは巨大な飛行船のようでしたが、動いてはいません。最初は戦時中に開発された新型の飛行機かなにかで、科学者たちが上空から流星雨の観測データを集めるのに使用しているのかと思いました。しかしなおも見ていると、乗り物は炎のような尾を引いて空高くへ飛んでいき、その尾は五分ほども消え残っていました。

家に入ると、サンディエゴのラジオ局のニュースで、大きな葉巻形の宇宙船が街の上空に浮かんでいるのを何百人もの人が目撃したと告げていました。自分たちがたった今見たのと同じものに違いないとかれらは思いました。アダムスキーは最初、惑星間旅行など不可能なのだから、なにかの見間違いだろうと説明づけようとしました。しかしその後、サンディエゴのカフェで会った六人の将校から、あの宇宙船は地球のものではないと教えられました。アダムスキーはアマチュアの天文学者でした。望遠鏡を二台持っていて、一台はカメラを取りつけ、天体の写真を撮るのに使っていました。この体験以来、彼は以前にも増して空をよく観察するようになり、もともと趣味だった天体観測が、執念のようになりました。

一九四七年夏のある金曜の夕刻、いつもの習慣で空を観測していたところ、まばゆく輝く物体が山の尾根にそって東から西へ移動していくのが見えました。ほかの物体もあとからつづきます。そのうちのひとつが空中で静止し、もと来た方向へ引き返していきます。当時、ケネス・アーノルドの目撃例は有名になっていて、アダムスキーは自分が見ているものは空飛ぶ円盤に違いないと考えました。

この信じられない光景を見せようと、彼は家のなかにいた四人の仲間を呼びました。物体は百八十四機あり、三十二機ほどの編隊を組んで、一列に飛んでいました。何機かは西に、べつの何機かは南へ消えていき、それぞれの機体の中央には輪があるように見えました。最後の数機が何秒か宙に浮かんでいたあと、光の尾を引いて一機は南へ、もう一機は北へ飛んでいきました。近隣のほかの人々もこの世にも珍しい空飛ぶ円盤の集団を目撃していました。

その後、一九四九年にアダムスキーの証言によると、軍の将校が四人接触してきて、きみは優秀な機材を持っているので、UFOの写真を撮影するのに協力してくれないかと言われたそうです。地域のほかの人々にも接触しているようでした。その後まもなく、アダムスキーは実際に二枚の興味深い写真を撮影することに成功し、軍の将校に渡したところ、まったく信憑性がないと空軍から否定されました。アダムスキーは撮影をつづける決意を固め、しかし将校には手渡さないことにしました。そして議論の余地のない円盤の写真を撮れることを願い、雨の日も風の日も空を観測しつづけました。この時期、彼は多くの写真を撮りましたが、これぞという一枚はまだ撮れていませんでした。一九五〇年五月二十九日に撮った写真は、のちの一九七八年八月に〝UFOの年〟を記念してグレナダで発行された記念切手に採用されました。当時のグレナダの首相サー・エリック・ゲアリーは地球外の宇宙船の存在を固く信じており、国連でUFO調査を積極的にするよう各国に呼びかけていました。

アダムスキーと空飛ぶ円盤のつながりは、じきに写真を越えることになります。一九五二年十一月二十日火曜日の正午を少しまわった時刻に、彼は異世界から来たひとりの人物と接触したのです。カリフォルニア砂漠の〈砂漠センター〉を百六十キロほどすぎ、アリゾナ州パーカーへ向かっているときでした。それまで空飛ぶ円盤の目撃証言を求めてあちこち訪ね歩いていましたが、収穫はまるでありませんでした。砂漠の付近に住む人々から砂漠でUFOを見たと教わり、今回六人の仲間とともに来たのです。突然、全員がいっせいに空を見上げると、上空に巨大な銀色の葉巻形の物体が音もなく現れました。宇宙船には翼もほかの付属物もついていません。それはかれらのほうへ近づいてきて宙にとどまっていましたが、写真を撮るひまもなくいなくなってしまいました。

アダムスキーは接触できると感じました。そこで望遠鏡とカメラを持って仲間と離れました。仲間は目の届くところで空を観測しています。ふいに空に光が見え、小型の乗り物が八百メートルほど向こうの山のあいだに現れました。急いで写真を撮りはじめましたが、そのとき山間に人が立ってこちらに手招きしているのが見えました。採鉱者かと思いましたが、誰ともすれ違った覚えはありません。山の住人かもしれない。アダムスキーはその人物のほうへ歩いていきました。仲間はまだ目の届く範囲にいます。近づいてみると、その男性はスキーウェアらしきものを着ているようでした。砂漠でそんな服装をするなんて、と彼はひどく驚きました。男性は肩まで届く砂色の長髪で、当時としては珍しいことでしたが、アダムスキーも長髪の男性を見るのは初めてではありません。男性は若いようで、アダムスキーに微笑みかけています。すぐそばまで行ったとき、彼は異世界の存在だとわかりました。とても美しい顔立ちを見て、アダムスキーはなにも考えられなくなり、優しさと理解と完全な謙虚さを放つ、偉大な叡智と愛の存在の前で、小さな子供のような気分になりました。異星人は手を差しだしましたが、アダムスキーが予想したように握手するのではなく、友情のしるしにてのひらとてのひらを軽く合わせました。肌の感触は柔らかく引き締まっていて温かでした。手は指が長くてほっそりしていました。背丈は百六十五センチほど、体重は五十四キロほどに思われました。顔は丸く額が秀でて、大きくて静かな灰色の瞳と美しい鼻筋、平均的な大きさの口をしています。ほどよく陽に灼けていて、ひげは生えていません。茶色いつなぎの服はなにかの制服のようで、ハイネックに長袖、手首にバンドのようなものを巻いています。腰にもベルトを巻いていて、見たこともない素材でできた生地は光沢を帯びています。ジッパーもボタンも、バックルもファスナーも、ポケットもありません。

靴は革のような生地でできていて、柔軟性がありそうです。

アダムスキーは話しかけようとしましたが、異星人は首をふりました。形而上学や哲学的な勉強でテレパシーの概念はよく知っていたので、身ぶり手ぶりと合わせて意思伝達をはかろうとしました。その結果、訪問者は金星から来ていて、かれらは友好的であり、地球で行われている核実験のことを心配しているということがわかりました。さらによりスピリチュアルな話題になり、神の存在や創造の宇宙法則（地球人と違ってかれらは完全にそれに従って生きているそうです）について語り合いました。やがてアダムスキーは仲間のもとへ戻りましたが、仲間たちは小型の宇宙船は見たものの訪問者の姿は見なかったそうです。けれども地面に足跡が残っていたので、写真を撮り、スケッチをして、石膏で型を取りました。

意義深い補足的な出来事として、三週間ほど経った一九五二年十二月十三日、ジョージ・アダムスキーはパロマ・ガーデンズの自宅から空飛ぶ円盤の写真を撮りました。彼が言うには異星人が再訪問すると約束していたのだそうです。このうち三枚は細部まで非常によく撮れていて、もっとも有意義な空飛ぶ円盤の写真として歴史に刻まれることになりました。舷窓や球状の着陸装置や操縦室の上の明かりがはっきりと写っています。アダムスキーの証言では、宇宙船は半透明の金属製で、直径十メートルほど、丸い底のほうに伝導コイルのような白い線が入っていたということです。飛び去る直前に円盤からあるものが落ちてきました。アダムスキーが砂漠で訪問者にあげたという感光板でした。そこには象徴的な写真やイメージが写っていましたが、完全には判読できなかったそうです。

このきわめて重要な接触体験については、一九五三年出版のデズモンド・レスリー、ジョージ・アダムスキー共著『Flying Saucers Have Landed（仮邦題「空飛ぶ円盤は着陸した」）』に一部始終が書かれています。しかし今では絶版で、古本でしか手に入りません。レスリーもまたアダムスキーとともにカリフォルニアでUFOを目撃しており、神秘主義や神智学に精通しているということです。

六人の仲間全員が宣誓供述書にサインし、目撃したことを証言したにもかかわらず、一九六五年四月二十三日にワシントンで亡くなるまで、生涯を通じてジョージ・アダムスキーが世間からどういう反応をされたかは想像に難くありません。のちにさらなる接触があり、宇宙船の内部に乗ったと語ったことも大きく影響しました。講演の依頼やマスコミからもひっぱりだこで、一九五九年にはオランダのユリアナ女王に謁見し、一九六三年にはローマ教皇ヨハネス二十三世にも逝去する直前に謁見しています。撮影された写真の真偽を暴こうという試みが数多くなされましたが、それ自体が誤りということもありました。たとえば一九七〇年代のイギリスにおけるUFO協会の会長は、写真に写っているのはビア・クーラーだと主張しましたが、問題のビア・クーラーは写真が撮影された当時はまだ発明されていませんでした。アダムスキーはその後の主張により、UFO支持者のあいだでさえも信頼を失うことになりましたが、砂漠での初めての接触の話はその時期やそれ以降のほかの話と一致しており、私はじゅうぶん信用できると思っています。おそらくそれは、政府組織ではなく一般の人々の前に、徐々に姿を表そうという地球外の存在たちの計画の一部なのかもしれません。

## ホワイト・サンズ事件

現代においてアメリカで異星人と接触したとされるのはジョージ・アダムスキーが初めてではありません。一九四九年あるいは一九五〇年（証言によって年が異なります）七月四日の独立記念日、ホワイト・サンズ性能試験場（ニューメキシコにある巨大な軍事施設）のエアロジェット・ゼネラル・コーポレーションの技師、ダン・フライはのちにホワイト・サンズ事件と呼ばれる出来事を目撃しました。彼はラス・クルーセスのお祭りに参加して花火見物をするつもりでしたが、街へ行く最終バスに乗りそこねて、誰もいない基地にひとり取り残されてしまいました。

八時半頃、外は涼しかったので散歩に出かけることにし、月に照らされたオーガン山のふもとへぶらぶら歩いていきました。空を見上げると、星の一つが消えたように見えました。つづいてひとつ、またひとつと星が消え、やがて星を見えなくしていた物体が視界に現れました。その物体が近づいてくるのを見て背筋に奇妙な感覚が走り、とっさに逃げようとしましたが、ばかげていると思い直しました。その物体は時速二十四キロから四十二キロほどで移動し、ゆっくりと速度を落としました。そして四十メートルほど離れたところに音もなく滑るように着地しました。聞こえるのは低木が踏みつぶされる音だけです。当時は冷戦のさなかであり、ロケットやミサイルの開発に関わっているフライは、もしこれがロシアの航空機なら、アメリカはおしまいだ！　と思いました。しかしよく見てみると、そんな乗り物はこの地球上ではとうてい作れないとわかりました。フライは好奇心が恐怖に勝り、乗り物に近づいてまわりを一周しました。それは長球形で、てっぺんと底が平らで、高さは五メートル弱、地面から二メートルほどのもっとも大きい部分の長さは九メートルほどでした。表面は磨かれた金属のようで、銀色に紫がかった玉虫色の光沢を帯びています。円盤というより、皿にスープボウルを伏せたような形でした。当時のＵＦＯ遭遇者たちのあいだでは、瀬戸物の食器が専門用語として好まれていたようです！

この出来事を人に話しても笑われるだけだろうし、基地まではかなり遠いので、フライはすぐに知らせに戻ることはしませんでした。金属の表面に触れると、気温より少し温かく、巨大な真珠のように信じられないほどすべすべしていました。指先がむずむずして、空中からはっきりした声が英語で、触ってはいけないと警告するのが聞こえました。「きみ」とか「友よ」とかの呼びかけを交えたアメリカ英語は、フライの恐怖をとりのぞいてくれました。つづく会話のなかで、訪問者たちは、人類が自分たちの思考形式にはない概念をどの程度受け入れられるかを確かめにきた、とフライに言いました。要するに、かれらは人類の意識が地球外からの助けを受け入れられるほどじゅうぶんに進化しているかどうかを確かめたがっており、過去にはまだそういう段階に達していなかったということです。話し手はスピーカーかオーディオ機器のようなものを通してしゃべっているような感じで、フライの好奇心が恐怖に勝ったことに感心していました。かれらが探し求めているのは、現在の地球上での思考形態に反する証拠をじゅうぶんに受け入れられる心の持ち主のようでした。

話し手は哲学的なことを詳しく語り、フライは適当に選ばれたわけではないと告げました。そして宇宙船のなかに入ってみるよう誘いました。それは遠隔操作されている乗り物で、話し手は千五百キロほど離れた母船にいると説明されました。フライの左側に高さ一メートル半、幅九十センチの楕円形の入り口が開き、なかへ入ると、そこは幅が二・七メートルと二・一メートル、高さが一・八メートルの小さな船室でした。壁の映写機にはフィルムのリールや動いている部品はついていません。座席のひとつに坐るように言われ、生涯忘れられない旅をしました。なんとニューヨークまで三十分で行って戻ってきたのです。フライの計算では時速一万二千八百キロのスピードが必要です。道中、科学的、あるいは哲学的な情報をいろいろ教えてもらい、テレパシーで意思伝達する能力をもっと開発するように促されました。さらに地球上の過去の文明、アトランティスやムーやレムリアについても教えてもらいました。

私が三十年ほど前にダン・フライの営む団体〈アンダースタンディング・インク〉の会合で彼に会ったとき、もう老齢でしたが自分の話は絶対に本当だとゆずりませんでした。短い会話でしたが、控えめで現実的で完璧に信頼のおける人物だとわかりました。しかしながら、当時の世間の見方は異なっていました。ホワイト・サンズ事件に対して人々は皮肉、嘲笑、不信の目を向けましたが、その真実性が損なわれることはありません。フライの証言は、ほかの信頼できる証言の数々とじゅうぶん一致する非常に意義深いものです。

## 米国要人と対面

もうひとり、私が選んだ同時代のアメリカ人の接触者は、個人的にもよく知る人物、故フランク・ストレンジズ博士です。博士はキング博士の親しい友人となり、〈エセリアス・ソサエティ〉の会員になるとともに、みずからも〈国際福音伝道会〉と〈国際神学校〉という組織をカリフォルニア州ヴァンナイスで運営しています。また〈全国UFO調査委員会〉という組織も設立しました。ストレンジズ博士は、熱心なキリスト教福音主義とUFOに対する確固たる信念を持ちあわせ、みずからも異星人との接触体験があるきわめて非凡な存在です。アメリカでの集会やほかの会合で話をするなかで、その活発な雄弁さと幅広い知識（とくにUFOに関する聖書的な説明）、独特のユーモア（これもまた聖書と関連させたもの）を私は身をもって実感しました。博士はたとえば韓国を訪問したときのように、福音をテーマにした刺激的なスピーチで何千もの人々を惹きつけることができます。また、UFO接触者と、スピリチュアリティとのつながりの証明となる勇敢な実例でもあります。博士の証拠のすべては慎重に考察すべきではありますが、判断は読者にお任せします。

ストレンジズ博士の語るところによると、一九五七年三月十六日にヴァージニア州アレキサンドリアで、金星から来た存在が宇宙船で着陸し、銃を持った警官ふたりに遭遇しました。〈プロジェクト・ブルー・ブック〉の秘密情報を管理する海軍情報部に勤める政府官僚ハーレイ・アンドリュー・バードは、一九五七年三月半ばにアレキサンドリア警察から、人間の姿をした異星人を警官がつかまえたとの緊急報告を受けました。この異星人はパトカーでワシントンDCへ連れていかれ、国防総省の国防次官に面会したあと、副大統領リチャード・ニクソンとともにアイゼンハワー大統領とも面会しました。バードによれば、面会は一時間に及び、異星人はヴァリアント・トールという名前と、政府要人の身分を与えられたということです。

　国防総省内のＵＦＯや異星人の擁護者であるナンシー・ウォレンという人物が、聖職者で研究者でもあるストレンジズ博士に白羽の矢を立てて連絡してきました。当時、ストレンジズ博士は〈全国福音伝道センター〉に講演者として招かれ、二週間ほどワシントンＤＣに滞在していました。博士は、熾烈な軍拡競争をしている世界の危うい状況について大統領に警告するために来た（四〇年代から六〇年代にかけての接触者たちの多くが同様の報告をしている）というヴァリアント・トールに紹介されました。ヴァリアント・トールは三年間地球に滞在したのち、故郷の金星に帰っていったということです。ヴァリアント・トールは、宇宙の偉大な存在であるイエス・キリストの教えを今後もつづけなさいと保証し、叡智と理解の新たな時代が地球に訪れると予言したそうです。内輪で作り話をしているようにしか聞こえないことは承知していますが、だからと言ってそれが真実でないことにはなりません。私がことに関心を引かれるのは、やはりこの異星からの訪問者が保証したスピリチュアルな教えです。ストレンジズ博士はすでにその道に身を捧げているわけですが。もし異星人が仏教の僧に会ったとしたら、その偉大でスピリチュアルな哲学をつづけるよう保証したことでしょう。

## イギリスにもあった接触証言

これまで挙げた接触者はアメリカに限られていましたが、政府の重要人物で異星人と接触した例はアメリカだけではありません。少なくともイギリスのある政府高官は一九五〇年代に、異星人と思われる存在とじかに接触しました。故ピーター・ホースレー卿は王室の出身で、空軍中将となり、ナイトの爵位を授かりました。晩年になって秘密にしていた遭遇体験のことを、回想録『Sounds From Another Room（仮邦題「べつの部屋からの声」）』に記しました。私は本が出版される直前に、その話題についてピーター卿と電話で話すことができました。彼は当時、外国にいました。この会話の結果、私はピーター卿のたぐいまれな異星人との遭遇体験の全容を初めて明かすひとりとなりました。その話題は一九九七年八月二十六日の『サン』紙をはじめ、各紙の一面を飾りました。私がとくに興味を持ったのは、その出来事が起こった物理的な状況ではなく、ピーター卿が気づいたスピリチュアルな意義のほうです。

ピーター・ホースレー卿は当時、エジンバラ公爵殿下の侍従をしていました。仕事の一環として、信憑性のあるUFO証言について内密に調査し、エジンバラ公に報告していました。そのため政府の高官と話すことも多く、そのなかにはスタンモア司令部の戦闘機団最高司令官で、のちに空軍参謀総長となった空軍中将のトーマス・パイク卿も含まれ、政府の公的な立場を保ちつつ、トーマス卿はUFO報告に関心を持っていることをピーター卿に対して認めました。報告は戦闘機軍団と国防省の両方で精査され、アメリカの国防総省も関心を持っているということでした。ピーター卿が調べた多くの目撃証言のうちのひとつは、空軍士官が見たという時速千六百キロで飛行する物体です。公的には否定しているにもかかわらず、政府が秘密裏にUFO問題を非常に真剣に受けとめている理由は明らかです。

ピーター卿が異星人と思われる存在と魅惑的な遭遇をしたのは一九五四年に、御剣儀式で貴族の案内役を務める退役空軍大将、アーサー・バラット卿により、マーティン将軍に紹介されたあとのことでした。マーティン将軍はピーター卿に、ミセス・マーカムという婦人とロンドンの瀟洒な住宅街チェルシーのスミス・ストリートにある彼女の自宅で会う手配をしてくれました。明かりを抑えた部屋で、ピーター卿はミスター・ヤヌスという人物に紹介されました。ほとんど火のない暖炉のそばの深い椅子に腰かけているミスター・ヤヌスは、別世界から来たということでした。ミスター・ヤヌスはピーター卿のUFO調査についてたずね、エジンバラ公にじかに会いたいと異例の率直さで申し出ました。

ピーター卿がそのような面会の手配をするには安全上の問題があるので、返事をためらっていると、ミスター・ヤヌスはテレパシーとしか言えないやり方で、それらの懸念に答えました。ミスター・ヤヌスは面会を通じて、口にする前に考えを読んでしまう非凡な能力を示しました。

ミスター・ヤヌスはエジンバラ公との面会を申し出た背景をさらに詳しく説明しました。かつて人間が太陽系やその向こうまでも探索できた時代があり、光よりもさらに速いスピードで移動でき、死をも超越し、ロボットやコンピューターで制御された宇宙船に乗っていたことや、物体が宇宙空間あるいは時間と空間の公式が異なるべつの宇宙とも行き来できる重力と反重力の場を発見したこと。これらの概念は現在の私たちにとっては聞き覚えのあるもの（現代科学と同時にSFでも）ですが、一九五四年の科学ではまったくなじみのない概念です。ミスター・ヤヌスは宇宙旅行の科学技術よりさらに重要だと考えている話題に移りました。人間の魂《スピリット》と宇宙の設計主について。地球上のどんな原始的な種族においても大昔から備わっている神への信仰について。物質的な欲求のために宇宙旅行を試みようとしてもできないが、スピリチュアルな動機であればより深く神を理解することができるということ。そしてもし人類が生き延びたなら、未来に黄金の時代が訪れ、偉大な発展は心の進化によって遂げられるということ。

さらにまた宇宙のあらゆる生命体についても語りました。ほとんどは私たち地球の文明より進んでいて、人類にとって人間に似た宇宙人《ヒューマノイド》は奇異な存在ではないはずだと力説しました。また、殺戮や戦争の衝動を克服し、わが身はもちろんすべての生命を愛するようになった種族の話もしました。かれらは精神を進化させ、肉体を持たなくても生きていける能力を身につけました。かれらは偉大な宇宙知性とひとつになることができます。仏教で言う涅槃の境地に似ています。さらに創造主について、そしてその創造の源とつながるには祈りと集合的な意志の力が必須であると語りました。意義深いことに、これらの概念はどの偉大な聖典とも矛盾せず、同じ目的地にいたるさまざまな道があるのだと彼は言いました。宇宙旅行を成し遂げるには、スピリチュアルなアプローチこそ、有効な法則にかなった動機なのだそうです。

ミスター・ヤヌスの話では、宇宙から地球への訪問者の数は、存在する全体数のうちごくわずかだそうで、原始的で敵対的な種族について学ぶために来ているということでした。ほとんどの宇宙船はロボット制御の探査機ですが、乗組員がいる場合もあるそうです。なぜ地球に正式に着陸しないのかという質問に対しては、原始的な文明の種族を訪れたときにこうむる被害を指摘し、言葉は多少違いますが、地球はまだ正式に着陸する準備ができていないからというような答えでした。さらに、歴史を通じてきわめて慎重に特定の接触が行われ、今後もそういうことがつづけられると語りました。最後に、訪問者たちの精神的能力や超感覚的なパワーや異なる次元を移動する能力について語りました。

ピーター卿はこの面談のすぐあとで覚えている内容を書き記したので、正確な体験談と考えていいでしょう。ピーター卿は国防省の官僚がどういう反応を示すかわからないので、報告すべきか迷いました。そういう懸念をミスター・ヤヌスに読まれたかもしれないと思いました。ミスター・ヤヌスとは謎めいたことに接触できなくなり、マーティン将軍とは疎遠になり、ミセス・マーカムは生活の痕跡も残さずにアパートを引き払い、大あわてで引っ越してしまいました。その後、かれらとは二度と会うことはありませんでした。しかしながら、その体験により、深いスピリチュアルなレベルで自分は変わったとピーター卿は言います。神を以前のような聖書の人物ではなく宇宙的な存在という新しい視点で見るようになりました。パワフルで人を魅了するミスター・ヤヌスとの出会いにより、それまでよりはるかに偉大な知的平和を見いだしたとピーター卿は語ります。この非凡な遭遇体験について書かれたピーター卿の回想録が、私の知るかぎりでは今は絶版となり、歴史上の人物の私生活や恋愛についての本はすぐに入手できて、いつでも新しいものが出版されていることを思うと、奇妙な気分になります。つまりそれが私たちの世界の優先順位なのでしょう。そしてＵＦＯがみんなの前に堂々と姿を現さないのはなぜかと首をかしげているのです！

この遭遇体験についての『サン』紙の記事に、私のこんな発言が引用されています。「この接触について認めるには勇気がいったことでしょう」確かにそうですが、四十三年前にそれを体験した時点で認めるのはもっと勇気がいったことでしょう。同じ一九五四年に、世間やマスコミの痛烈な嘲笑にも負けない勇敢なもうひとりの人物がいました。ジョージ・キング博士です。博士もまた異星人と身近な接触を体験しました。博士の著書『You Are Responsible!（仮邦題「あなたには責任がある」）』に、チェルシーから八キロほど離れた、ロンドンのメイダ・ヴェールのアパートメントで起きたその体験について書かれています。

**「心の準備をせよ！　あなたは宇宙議会の代弁者となるのだ」**

一九五四年五月のある晴れた土曜の朝、私はその簡明な指令を受け取った。ロンドンの狭いアパートメントの空間から響いてくるようなその明瞭な声に、私は驚きのあまり釘づけになった。そのメッセージの意味や重要性に疑問の余地はなかった。不気味さも感じられなかった。朝日と不気味さとは相容れないものだ。

私は長年ヨガの修練を積んできたので、この体験はたんなる想像ではないとわかった。ヨガでは、想像とはエネルギーであり、コントロールすれば偉大な創造力へと変容すると教えている。この偉大な科学を長年まじめに実践してきた私が、そう簡単にコントロールできない空想の犠牲になるはずがないことは保証できる。

安全に守られた入り江で船を上手に操縦できても、いざ船長にこう言われたら、誰でも緊張に震えるのではないだろうか。「さあ、いよいよ海に船出するときだ」

その晩、私のめまぐるしく渦巻く心に、眠りの心地よいカーテンがおりることはなかった。日曜の朝には、もとから古びていたカーペットが、夜中にさんざん歩きまわったせいでいっそうすり減って見えた。

夜明けとともに私は悟った。拒むことはできない、受け入れざるを得ないことなのだと。〝指令〟についてさまざまな視点から熟考したが、拒むという選択肢はなかった。東洋の賢者は深遠な哲学を心得、このように弟子に教えを理解させる。第一に、理論を読め。第二に、その理論を頭に入れろ。第三に、心で受け入れられたことにしたがって行動せよ。

ひとつ強調しておきたいのだが、私がこだわっていたのは〝指令〟が与えられた方法ではなく——おそらく聖典はそのようにして書かれたのだろう——指令にしたがうためには、今行っているべつの形而上学的な研究を、あと少しで重要な問題の答えが見えそうなときにあきらめなくてはならないことだった。そしてともに人道主義に燃える数人の貴重な協力者たちも、人類を苦しみから救うためにその答えはかけがえのない価値があると信じていた。私たちは今まさに、恐ろしい苦しみの種である癌の、新たな治療法を発見しようとしていたのである。そんなとき、あの〝指令〟が、耳を傾けてしたがうしかないような方法で、天から降ってきたのだ。

いくら入念に航路を計算していたとしても、竜巻に襲われたらなんの役に立つだろうか？この場合、冷酷無情な数学によって巻き起こされた竜巻は未知の空へとつづいていた。ときに致命的な粉塵を降らせ、命を与えてくれる太陽の優しい顔をかき消してしまう空へと。深刻な危機に対する思いきった方法が必要であることは明らかだ。私はごく親しい仲間たちと、むりやり方向転換することについて何時間も話しあったあと、深い瞑想状態に没入した。

日曜の夕方、ひとりの男性が部屋に入ってきて、私は驚いた。瞑想に入るときはいつもドアに鍵をかけておく。ところがこの訪問者は（あとで出ていくときに侵入方法がわかったのだが）、ドアを通り抜けてきたようなのだ。すぐにその人物は世界的に高名なインドの聖者であるとわかった。その人の名前や交わされた会話のすべてを明かすことはできないが、研究中の治療法をあきらめて土曜の〝指令〟にしたがうことについて、私の心にあった疑念はたちまち消散した。

私のもとを訪れたのは偉大なヨガの達人で、肉体よりさらに希薄な状態で自分を投影させていた。しかしじゅうぶんに実体感があり、部屋を歩くと床がきしんだ。その人がすぐ目の前にいるというのは言葉にできないほど素晴らしい体験であり、今このときまで胸の奥にしまっていた大切な秘密である。

「息子よ、選ばれる資格が自分にあるかどうかを判断するのはきみではない」偉大な聖者は言った。明らかに心を読めるらしく、この大きな仕事を担うのに自分は力不足ではないかという私の悩みを察したようだった。向かいの椅子に腰かけたその人は、顔のしわから真っ白な衣服まではっきりと見えた。坐るときに椅子がきしむ音さえした。何千キロも離れた場所に、飛行機から降り立ったかのようにはっきりと実体を持って自分の姿を投影させることのできる東洋の聖者の偉業については、私も本で読んで知っていたが、存命中の人がそのような離れ業を行うのを見たのは初めてだった。

その人は穏やかでいて貫くような鋭い声で宣言した。「原子の領域へ突き進む無情な科学の行進と、集団による悪しき思想と行いによりもたらされたこの世界に本当に必要なものは、地球に向けて送られているエネルギーに波長を合わせ、宇宙のマスターたちのしもべとなって働けるごく少数の人々である。きみは、無情な数学の応用により結論に到達した物質主義的科学者と、神こそすべてであるという認識により結論に到達した神秘主義的科学者とのいずれ起こる対決にそなえるべく、呼びかけられた唯一の人間だ。祈り、心を静め、瞑想し、真理の貴き水が流れこむよう、心と頭の扉を開けておきなさい」

聖者はそう告げると、さらにヨガの秘儀を私に与えた。その秘儀を行えば、すべての記憶を保ちながら肉体を脱して旅することができるようになる。聖者はまた言った。喜んで手伝ってくれる人々がきみのもとへ集まるだろう、と。そしてロンドンのヨガの一派から手紙が来るので、そこに数ヵ月参加して、まじめに修行をするように、と。

聖者は話を終えると、野蛮なブリトン人が青い染料を顔に塗っていた大昔に、すでに高等な文明を満喫していた種族の礼儀正しさでお辞儀をした。そしてドアを突き抜けて出ていった。私は急いで駆けつけてドアを開けたが、廊下には誰もいなかった。東洋の客人はこつぜんと消えてしまった。

私は俄然としてやる気になった。これから広める運動のために仲間を作る必要があり、許される時間のすべてをそれに傾けた。特別な働き手の集団で、善を行うひとりの人間のために貴重な余暇の時間をすべて捧げてくれるのでなければならない。また、謎めいたこのプロジェクトに全幅の信頼を置くと同時に、神秘主義の基礎知識と瞑想修行を心得た者でなければならない。そのような条件に見あう者はごくわずかにもかかわらず、計画はおのずと動きだしたと見えて、最初に会う一週間前にはそれらの人々を思い描くことができた。

そのいっぽうでロンドンのヨガの一派から突然、手紙が来て招かれ、そこでの修行とプラナ・ヤマ（深い呼吸法により宇宙の生命エネルギーをコントロールするシステム）がよい成果を生んだ。〝指令〟の啓示からごく短い期間で、私は何百万キロも天空のかなたから送られてくる情報をテレパシーで受け取れるようになった。

おそらくは数日の差で起きたキング博士とピーター・ホースレー卿の体験の、なんと対照的なことでしょうか。異世界の存在たちは接触する相手によって、さまざまにアプローチの方法を取るようです。スピリチュアルな観点からすると並外れて進化しているキング博士は、ヨガと形而上学的研究に専心できるよう、タクシー運転手として働く道を選びました。ピーター卿はスピリチュアリティのレベルは低いものの、イギリスの支配者層のなかで高い地位に就いていました。前者は勇敢にも宇宙のマスターのために与えられた任務を果たそうと決心し、後者は接触した当初はどうすべきか迷い、エジンバラ公には情報を知らせず、晩年になってようやく真実を明かしました。

## 政府による隠蔽

キング博士は一九五〇年代の保守的な思潮のなかで皮肉や嘲笑にあいながらも、宇宙人との接触について堂々と恐れることなく語りました。ヨガの達人で霊能力のある博士は、テレパシーで情報を受け取ることができ、国会議事堂のすぐ近くにあるキャクストン・ホールで大聴衆を前にしばしば実際に行っていました。そして空飛ぶ円盤が次に現れる日にちと場所を予言し、多くは無関係の目撃者によって実証されました。それらの接触の証拠については八章と九章で詳しく語りますが、ここではなぜ私がこれほど確信を持って、キング博士は宇宙人とテレパシーでコミュニケーションできると言えるのかについて述べます。それにはもちろん、確実な証拠が必要です。そこで一九七六年に私がボランティアとして、〈エセリアス・ソサエティ〉の広報係をしていたときに、個人的にかかわったある体験についてお話しましょう。

協会の会報誌『コスミック・ヴォイス』の一九五八年六月から七月にかけて発行された十六号に、ソ連で起きた核爆発事故についての詳しい記事が載っています。この情報は一九五八年の四月十八日に、最近の出来事として博士が宇宙の存在から知らされたものです。その事故は非常に深刻で、核実験施設の労働者が何百人も死亡したと『コスミック・ヴォイス』に書かれています。十八年後の一九七六年、高い評価を得ている国際的な科学雑誌『ニュー・サイエンティスト』に、亡命したソ連の科学者で、歴史家で、反体制派でもあるゾラス・メドヴェデフ博士の独占記事が載りました。その記事で博士はそれまで一般には知らされていなかった事実として、ウラル地方チェリャビンスク州のマヤックにある核燃料再処理工場で大事故があったと明かしました。事故が起きたのは一九五七年で、五八年には被害が明らかとなり、数百人の死者と数千人のけが人が出たと推定されました。しかし事故は十八年間もたくみに隠蔽され、話が広まってからも、イギリスの核関係者はそのような事故があったとは気づかなかったと否定しました。

美しいデボン州の田舎でこの情報を宇宙人から受け取ったキング博士は確信を持って、このコミュニケーションのみをもとに、雑誌に記事を書き、世界中へ送りました。しかし『コスミック・ヴォイス』のこの号は絶版となり、オリジナルのコピーが何冊か残っているだけです。正直に認めると、一九七六年当時の私は今よりはるかに世間知らずでした。この〈エセリアス・ソサエティ〉の記事がじゅうぶんな証拠とみなされ、心の開かれたメディアが真剣な調査をしてくれるだろうと心から信じていました。今では真実には二種類あるということを悟りました。ひとつは時代の先入観と一致するもの、そしてもうひとつは反するものです。

当時、私はまずBBCを訪ねました。昼時の全国放送のラジオ・ニュース番組のレポーターに連絡すると、関心を示し、『コスミック・ヴォイス』の十六号を見たいと言うので、私は米国放送協会本部へ飛んでいきました。レポーターは『ニュー・サイエンティスト』の暴露記事と『コスミック・ヴォイス』を丹念に読み比べ、十八年前に宇宙人から伝えられたとされる〈エセリアス・ソサエティ〉の記事の内容を裏づける、メドヴェデフ博士の主張の重要な点について、確認を取ってもらいたいと私に言いました。彼は私との会話を録音し、私がメドヴェデフ博士に確認を取ってくるまで保存しておくと約束しました。

私は勇んでその日のうちにロンドンの大学にいるメドヴェデフ博士を捜し当て、博士は私とのインタビューをテープに録音することを承諾してくれました。偏見を持たれたくなかったので、私は核爆発事故を宇宙人に知らされたことは博士には告げず、BBCのレポーターに確認を取るよう頼まれた重要な点についてだけ質問し、キング博士が受け取った情報を裏づけるメドヴェデフ博士の答えを録音しました。すぐにBBCに電話して——すでに夕方近くになっていました——レポーターに話そうとしたところ、すべてが白紙に戻ってしまったらしいとわかりました。これを読んで信じられないと思う人の気持ちはよくわかります。しかし私の話はすべて事実です。

最初は、そんなレポーターは誰も知らないと言われました。あとになって、そういう名前の者がいたかもしれないが、たぶん臨時の職員で、もういないと言われました。しかし私は確かに数時間前、英国放送協会本部にいて、BBCのスタジオでインタビューを録音したのです。ところがそのインタビューのテープは紛失してしまい、誰ひとり私の話を取材したがりません。隠蔽工作の触手は政府内だけでなくメディアにも及んでいるということが、私にもようやくわかりはじめました。何年かして、当時はUFO問題に関する国防機密記事出版・放送禁止通達が出されていたことをメディアは認めました。つまりUFO関連の情報を報道してはならないと、メディアは政府から命令されていたのです。ソ連の核爆発事故について、キング博士が宇宙から受け取った情報を世間に公表するという計画は暗礁に乗り上げてしまいましたが、私はあきらめずに何年か、『ニュー・サイエンティスト』誌のロンドン支局にせがみつづけました。そしてやっと、一九七八年四月二十七日、事故の情報が〝UFOによってスクープされた〟という記事が雑誌の片隅に小さく載りました。

核爆発事故の話はとくにラジオをはじめとするメディアによって長年隠蔽されてきましたが、ごく最近になり、何百万という聴取者に届くようになりました。しかしそれが第一面で扱われるべき大ニュースだった二十年前の当時、誰より先にキング博士が書いたその記事に触れようとする者はいませんでした。その数年後、ある誠実な全国紙の記者が、世間知らずな私にこう忠告してくれました。「われわれは真実を報道するのではなく、読者が読みたいと思う真実を報道するのだ」結局、大事なのは新聞を売ることなのです。多くの場合、真相解明と読者の関心は一致し、かれらは素晴らしい仕事をします。しかし今回のように、そうはいかないケースもあるのです。

キング博士はイギリスを含む各国政府によるUFO情報の隠蔽工作について、率直に語っています。テレビ出演する政治家を観客が笑い飛ばす現代では、博士のそういう行動はとりたてて勇敢には思えないかもしれません。けれども一九五〇年代において政治家は尊敬すべき偉人であり、かれらが嘘をついたり情報を隠蔽しているなどと批判することはきわめて過激な行為とみなされていたのです。しかし自分を通じてコミュニケーションをはかる宇宙人と、そうした情報を隠蔽しようとするグループについて、キング博士は公衆の面前で堂々と語りました。その謎の組織は、UFOとその乗り手に関する真実を一般の人々に知らせないことを目的に、世界中で活動していると言われています。たんに情報を否定するだけでなく、SF映画などで描かれる宇宙人の恐ろしいイメージを植え付けるような偽装工作を行うということです。キング博士に情報を伝える宇宙人たちによれば、その隠蔽組織は宇宙人が攻撃的だというイメージを人々に与えるために、有名な俳優に演じさせたり、あらゆる手段を惜しまないそうです。

キング博士とコミュニケーションする宇宙人はまた、こうも断言しています。UFO情報の開示を阻もうとする計画は、長年けんめいに情報の開示のために努力をしてきた人々のおかげで失敗するだろう、と。そしてその努力は今もつづけられているのです。キング博士は一九五八年にロンドンのトラファルガー広場で集会を開き、UFOに関する真実を公開するよう求めました。ほかの数人も同じく勇敢に世界各地で声をあげました。政府にとっては、何十年間もＵＦＯについて人々をだましつづけてきたことを認めるのは、さぞかし都合の悪いことのはずです。人々には理解できない宇宙船や、それらがどこから来たか、その技術力についての詳細を明かすいっぽうで、有能な管理者ぶって見せようとしても信頼を失うばかりでしょう。私たちはかつてよりいろいろなことを知っていますが、その今でさえ本当に真実をすべて教えられているのでしょうか？

# 第三章

# Xファイル、隠蔽工作、真っ赤な嘘

すべての真実は三つの段階をたどる。まずはじめに嘲笑され、
次に激しい反対に遭い、最後に自明の理として受け入れられる。

アーサー・ショーペンハウエル

## 公開されるXファイル

話す者はなにも知らず、知る者はなにも話さないという説が昔からあります。また、話す者の多くは嘘つきだという説もありますが、UFO問題に関してさまざまな批判や混乱があるにせよ、政府がかかわっている非常に巧妙な情報工作についていくつかの事実が明らかとなってきました。

眉つばだとお思いなら、五百年前のコペルニクスの革命的な発見について考えてみてください。彼はそれまでの考えに反し、地球が太陽のまわりをまわっているのだと唱えました。今日ではそれは自明の理ですが、当時はあまりに先駆的すぎて異端とみなされました。その時代の社会は教会を中心に成り立っていたことを思いださねばなりません。コペルニクス自身もフラウエンブルグ大聖堂で司教の座に就いていました。太陽やほかの惑星が地球を中心にまわっているという天動説は、教会と科学の双方において不可侵の説でした。アリストテレスによって考えだされ、のちにプトレマイオスがより詳しく定義したその説は、ほとんどまったく真偽を問われることなく千八百年間あまりも流布してきました。教会は全面的に受け入れ、教義に組み入れ、およそ神聖とは言えない宗教裁判によってそれを強化してきました。太陽こそ軌道の中心で、地球は一年かけてそのまわりをまわっているのだと気づきはじめたとき、コペルニクスは当時の固定観念と真っ向から対決することになったのです。『概要』という彼の論文は、あまりに危険すぎて出版できず、仲間内だけで読まれていました。彼の主著『天体の回転について』がついに出版されたのは死ぬ直前の一五四三年で、カトリック教会により即刻発禁処分となりました。

のちにガリレオがその考えを引き継ぎ、一六三二年にプトレマイオスの天動説とコペルニクスの地動説について論じた『天文対話』を出版しました。ガリレオは地球が宇宙の中心であるとするプトレマイオスの説をあざ笑い、コペルニクスを支持しました。カトリック教会はこの論文に怒り、ガリレオは拷問にかけられてコペルニクスの説を否定するよう脅迫されました。ガリレオの著書はなんと一八三五年までカトリック教会の発禁書のリストに載りつづけ、宇宙の真実について発表したという大罪のために、彼は残る生涯を自宅監禁のまま過ごしました。このように、時代の教義に真っ向から反する概念は、体制側から猛然と否定され、圧力をかけられるのです。

今日、私たちが対抗しようとしているのは不正な宗教裁判ではなく、嘘つきの政府機関の邪悪なしくみです。これらの機関は、それが自分たちの利益になるのであれば、UFOに関する情報を完璧に隠蔽する力を持っています。UFOはたんなる空想だと人々を説得できない場合は、異星人が罪もない人間を襲いに来るという恐ろしい作り話で真実をけがそうとすることもじゅうぶん考えられます。隠蔽のしくみは昔から存在しました。「かれらは何者なのか?」、「友好的な存在か?」、「いつ地球へやってくるのか?」という基本的な疑問にも答えられない政府の無知をさらけだしたくないがために。しかし遅かれ早かれ、真実は明らかとなります。アブラハム・リンカーンの言葉にあるように。「幾人かをつねに欺き、ときにはすべての人々を欺くこともできるが、すべての人をつねに欺くことはできない」

圧力がつづくなかでも、政府の情報は少しずつもれてきます。ほとんどは重要性のないものですが、ごくたまに本当に重大な情報に行き当たることもあります。正真正銘のXファイルのなかでもっとも興味深い例は、一九七八年十二月十四日に米国情報公開法によって公開された記録です。私が知るかぎりでは、記録が公開されてすぐ『ワシントン・ポスト』紙の記者に送ってもらい、イギリスにもたらしたのは私が初めてのはずです。アリゾナ州に拠点を置くUFO調査組織〈グラウンド・ソーサー・ウォッチ〉がCIAに対して起こした訴訟に関するその記録は、今ではインターネットなどで簡単に入手できます。私がこれをとりわけ重要視するのは、Xファイルと呼ばれるものの実在が証明されたことよりも、UFOのスピリチュアルな性質に光を投げかけるものだからです。この記録には、UFOの乗り手が、地球のテクノロジーにはない、精神と肉体をコントロールする能力を持っていることが明白に示されています。以下にそれを転載します。

A　一九七六年九月十九日午前十二時三十分に［氏名消去］はテヘランのシェミラン地区の住民から、空に奇妙な物体を目撃したという電話を四件受けた。鳥のような形、あるいはライトをつけたヘリコプターだという報告もあった。その時刻に飛行中のヘリコプターはなかった。連絡してきた市民には星だと説明し、メフラーバード空港管制塔に報告したのち［氏名消去］は自分で確かめることにした。すると星に似ているがそれより大きく明るい物体が空に見えた。そこでシャーロキー空軍基地のF４戦闘機に緊急出動を要請し、調べてもらうよう依頼した。

B　十九日の一時三十分に戦闘機は飛び立ち、テヘランの北四十マイルほどの地点へ向かった。物体は明るいため、百キロほど先でも容易に見えた。戦闘機が二十五マイル圏内に近づくと、無線やインターコムなどすべての通信機器が使用不能になった。飛行士は妨害を逃れ、シャーロキー基地のほうへ引き返した。物体から遠ざかり、危険がなくなると通信機器は回復した。一時四十分に戦闘機は二七マイルでレーダー・ロックを受けた。時速一五〇マイルの指示対気速度で、正面真上方向へ、二五マイルまで近づくと、物体はレーダーで感知できるスピードで離れ、二五マイルの距離を保った。

C　レーダーに映った大きさからすると707輸送機に匹敵する。まぶしく光っているので、目測では大きさは判断できなかった。ストロボライトを長方形に並べたような光り方で、青、緑、赤、オレンジに色が変化した。変化はあまりに早いので、すべての色が同時に見えた。戦闘機は物体を追跡してテヘランの南へ向かった。すると最初の物体から、肉眼で見える月の二分の一から三分の一ほどの大きさの、明るく光る物体が現れた。その物体はものすごいスピードで戦闘機に近づいてきた。飛行士はＡＩＭ－９ミサイルを発射しようとしたが、そのとたんにコントロール・パネルの電源が落ち、すべての通信手段が失われた。飛行士は下方へ方向転換して、逃げることにした。物体は三、四マイルほど降下したように見えた。そのまま逃げつづけると、ふたつめの物体も引き返し、最初の物体のところへ戻ってふたたび合体した。

Ｄ　ふたつの物体が合体するとすぐに、最初の物体のべつの側面からさらにべつの物体が現れ、ものすごいスピードで降下した。戦闘機の通信機器と武器のコントロール・パネルは回復し、乗組員らは降下した物体が爆発するものと予想して見守った。ところが物体は静かに着陸し、非常に明るい光で二、三キロ四方を照らした。戦闘機は二六メートルから一五メートルまで降下し、物体を観察し、位置を確認した。暗くて着陸態勢になかなか入れず、メフラーバードの上空を二、三度旋回した。メフラーバードの南南東の地点を通過するたびに通信機器が妨害され、慣性航法装置は三〇度から五〇度で変動した。同じ時刻にメフラーバードへ向かっていた民間機も同じ地点（ＫＺ）で通信機器の不通を経験したが、なにも見なかったと報告している。戦闘機が長距離着陸態勢に入ったとき、さらにべつの円筒状の物体（一〇メートルのＴバードの大きさ）に飛行士が気づいた。両端がまぶしく光り、中央部分は明滅している。管制塔によれば、その地点を通過するほかの飛行機の報告は受けていないという。戦闘機の上をその物体が通過するあいだ、管制塔からはなにも見えなかったが、飛行士から山と精油所のあいだを見よと連絡を受けて、見つけることができた。

Ｅ　夜が明けてから、戦闘機の乗組員は例の物体が着陸したと思われる地点にヘリコプターで連れていかれたが、なにも見つからず（干上がった湖の跡地）、西のほうへ行くと、はっ

**きりした電波反応をキャッチした。もっとも強く反応があった地点には、庭付きの小さな家があった。かれらは着陸し、その家の住人に、昨夜おかしなものを見なかったかと尋ねた。住人は騒音と稲妻のようなまぶしい光について話した。物体が着陸したと思われる場所の放射線測定が行われた。さらなる情報が得られしだい報告がいくことになっている。**

この記録は、当時アメリカと密接に連携していたイラン空軍の活動に関するものです。これが公開されると、世界中の政府がUFOに関する隠蔽工作を行っていたことにメディアが注目し、ニクソン大統領の計画的な偽装が暴露された事件になぞらえて、〝宇宙版ウォーターゲート事件〟として有名になりました。この記録でさらに興味深いのは、UFOとその操縦者の心理についてわかることです。明らかにUFOはミサイルで攻撃されるところでした。するとその瞬間に戦闘機のコントロール・パネルがきかなくなり、攻撃は阻止されたのです。その後、戦闘機がUFOの射程内から離れると、コントロール・パネルは機能を回復しました。ここにははかり知れない意味があります。UFOの操縦者はどうやって瞬間的に飛行士の意図を察し、武器のコントロール・パネルをきかなくさせ、危険がなくなってから機能を回復させることができたのでしょうか?

CIAのこの記録では、超大国がUFOを追跡し、ミサイルで攻撃しようとしたという事実以上に、はるかに重要なことがわかります。報告によれば飛行士はUFOを敵と見なし、攻撃しようとしたのに、宇宙船と思われる物体の操縦者は友好的でした。記録に記されている技術力を見るかぎり、反撃して戦闘機にダメージを与えることなど簡単にできたはずです。それをしなかったというのは、〝目には目を〟ではなく、ゆるしの手本を示したのに違いありません。かれらは誰にも被害が及ばない形で、穏やかにその場の状況をコントロールしたのです。この地球の異なる国家の軍隊同士がそのようなスピリチュアリティを示すところを、想像できるでしょうか?

## TASSの報告

UFOが軍の戦闘機に追跡された例はほかにもあります。たとえば一九九一年にベルギーの国防省が公開したレーダー記録によれば、ベルギー空軍の戦闘機二機が、一九九〇年の三月に一機のUFOを追跡しています。物体は四箇所の地上レーダー基地で感知され、数多くの警官や一般市民によって目撃されました。公開されたレーダー記録は衝撃的で、驚異的な高度を並外れたスピードで移動するUFOのデジタル画像が映っていました。それ以上に驚くべきなのは、このきわめて信頼性の高い政府の公開情報をメディアがまったく報道しなかったことです。イギリスの国防省大臣マルコム・リフカインドが前海軍元帥で国防参謀長のヒル・ノートン卿に宛てた手紙には、ベルギーでこの事件が起きた当時、イギリス国防省には報告がなかったと記されています。これが事実なら、われわれのこの時代のもっとも重要な現象について、各国政府はまるで真剣に取り組む気がないことがわかります。

もう一件、UFOの着陸とそこから降り立った宇宙人を大勢の人々が目撃したという非常に意義深い政府の記録があります。これは作り話ではなく、都市伝説などとも違います。ほんの二十年前に公開された政府の記録です。もとソヴィエト通信社TASS（ソヴィエト連邦電信局）が一九八九年に報告し、ゴルバチョフ大統領のグラスノスチの精神（政府の活動に関する公開性と透明性、情報の自由を保証する彼の新しい政策）にしたがって、ほかのUFO関連の情報とともに公開されました。TASSにとって計算外なことに、西側諸国のメディアの固定観念と懐疑主義は根強く、ほとんどはその情報を無視したり嘲笑したりするだけでした。

当時、この情報をイギリスのメディアにもたらした私に、あるモスクワの記者はこう言いました。とりわけアメリカやイギリスのこの情報に対する扱いに、TASSの代表者は驚きと困惑を感じている、と。TASSが伝える当時のアメリカとソ連の軍縮交渉に関する情報には食らいついて、一言一句報じるのに、同じ通信社が伝えるのでも、UFOが大勢の目の前に着陸して宇宙人が降り立ち、超能力を披露したという情報には見向きもしない、と。それでもTASSのこの非常に重要な情報を報道した記者が二人いて、その功績は讃えられるべきです。ひとつはイギリスのグロリア・ハニフォードが司会するテレビ番組で、私はゲストとして出演しました。最初は悪名高きロバート・マクスウェルの新しい新聞の創刊の話題に場をさらわれてしまいましたが、その後は公平かつ正確に話ができました。けれどもテレビのトークショーの短い時間では、このめざましい出来事の意味についてとうてい語り尽くせるものではありません。以下にTASSの報告の全文を載せます。

**一九八九年十月十日　ソヴィエト新聞　UFO情報を確認（478）モスクワ**

ロシアの町、ボロネジに宇宙人が降り立ったという最近の報告が、今日の〈ソヴェツカヤ新聞〉で確認された。

新聞の記事によれば、九月二十七日の暖かな秋の夕刻、宇宙人たちはやってきた。地元の学校に通う少年二人と少女一人、ヴァーシャ・スーリン、ゼーニャ・ブリノフ、ユリヤ・ショロコヴァは町の公園にいた。人が大勢いて、近くの停留所でバスを待つ客も二、三十人いた。少年たちはサッカーをしていた。

六時半頃、空がピンク色に光り、直径一〇メートルほどの真っ赤な球が見えた。球は何度か公園のまわりを旋回して消えたが、しばらくするとまた現れ、公園上空にとどまった。

見物人が集まってきた、と新聞には書かれている。球の下側のハッチが開き、人間のような姿が現れるのがはっきりと見えた。宇宙人は身長三メートルほどで、目が三つあり、銀色のつなぎの服とブロンズ色のブーツを履き、胸元に円盤がついていた。人間に似た宇宙人はあたりを見まわした。ハッチが閉まり、球体が降りてきた。記事によると〝物体〟は着陸した。ハッチがふたたび開き、二体の生物が出てきたが、片方は明らかにロボットだった。

最初に現れたほうがなにか言うと、それぞれの辺が三〇センチと五〇センチほどの輝く三角形が地面に現れ、すぐに消えた。宇宙人がロボットに手を触れると、それは機械的に動きだした。

少年の一人が恐怖の叫び声をあげた。宇宙人が少年を見つめると、少年は動けなくなり、静かになった。宇宙人の目は光っていた。そばで見ていた人々が大声で叫んだ。少しして、球体と異星人は消えた。

五分ほどして、球体と三つ目の宇宙人はふたたび姿を見せ、五〇センチほどの長さの銃のようなものを持っていた。それを十六歳の少年に向けると、少年が消えた。宇宙人は球体のなかに入り、すぐさま飛び立った。それと同時に少年がふたたび現れた。

「まったく信じられない出来事だ」ボロネジ支局の記者、E・イェフレモフは書いている。「説明しがたいことだが、なにかが現実に起きたことだけは確かである」

UFOの着陸は複数に目撃されている。ボロネジのプティリン通りの住民は、九月二十三日から二十九日にかけてUFOを目撃した。国民軍の軍人や記者が、超常現象を目撃した人々や子供たちに聞き取り調査を行った。球体や宇宙人の行動についての説明に矛盾はなかった。宇宙人の乗り物を目撃した子供たちは今でも怖がっている。超常現象を調査している地元団体がその事件について調べている、と記事には書かれている。その団体には科学者、物理学者、生物学者なども含まれている。

TASS――ソヴィエト連邦電信局

ＣＩＡにより公開されたこの記録で、私が関心を引かれるのはその衝撃性ではなく、そこに暗示されているスピリチュアルなメッセージです。ＵＦＯやその操縦者はわれわれの科学よりも文字どおり何光年も進んだテクノロジーを備えていることがここでもわかります。かれらは望めばいとも簡単にダメージを与える力を有していることが、衆人の目の前ではっきりと示されました。少年をまなざしひとつでコントロールし、姿を消したりまた現せさせたりすることができ、それでいて誰にも危害を加えず、人々になんらかの行為を強要したり、無理矢理信じさせたりするようなことはせず、平和に去っていったのです。

これらの公開された記録がラジオやテレビのニュース速報で報じられたり、新聞の第一面を飾ったりすることがないのはなぜだろうと疑問に思われるかもしれません。それとももう意外ではなくなったでしょうか。ところで、実際に新聞に取りあげられたある出来事は、私の故郷に近いサフォーク州で起こりました。キング博士から電話をもらった一九八三年の秋の朝のことは、よく覚えています。私はスコットランドから戻る途中で、カーライルのホテルに宿泊していました。そこへロンドンのキング博士から、先ほど見たばかりの日曜の新聞の記事のことで電話がありました。一九八〇年にサフォーク州ウッドブリッジのアメリカ空軍基地付近にＵＦＯが着陸した問題について、ある国会議員が話題にしたらしいのです。私はくわしく調べるために急いでロンドンに戻りました。ウッドブリッジ近郊にあるベントウォーターズ英国空軍の女性士官と電話で話したところ、最初はなにかが起きたことを認めかけましたが、それ以上なにも言うなと横から指示が入ったようでした。のちに事件の全容はジョージナ・ブルーニの『You Can't Tell the People（他言無用）』という本にくわしく書かれることになります。本の題名は、一九九七年五月二十一日に元首相のマーガレット・サッチャーが、ＵＦＯ情報について著者に告げたという言葉から取ったものです。「事実を正確に把握しなさい、しかし他言は無用です」

## ここにも嘘があった

その事件は一九八〇年のクリスマスの時期に、ベントウォーターズ基地で起こりました。最大で一二〇〇〇人ものアメリカ空軍の軍人が配置され、ヨーロッパでもっとも大きなNATOの施設のひとつです。ベントウォーターズ基地の端にレンドルシャムの森があり、核の軍需工場があるのではないかと噂されていました。確かにその基地に勤務するのは高度に訓練された軍人でした。隠蔽工作が行われており、すべての報告が細部まで一致するわけではないので、真相を知るのはきわめて困難です。以下に記すのは、報告のなかで顕著な点をまとめたものですが、前述の理由で矛盾する部分もあります。それでもこれはまぎれもなく突出したUFO遭遇体験です。

一九八〇年十二月二十六日午前三時、航空兵ジョン・バローズは空軍基地をパトロールしていました。薄く霧がかかった寒い夜でした。バド・ステフェンズ軍曹がトラックで来て、バローズを拾い、レンドルシャムの森の端を走っていきました。ステフェンズは奇妙な光に気づきました。バローズもそれに気づき、さまざまな色の光が明滅していたと述べています。ふたりは傍受されない線を使ってオフィスに連絡し、その情報は中央警備室に送られました。勤務に当たっていた指揮官はジム・ペニストン曹長を派遣し、数分で東ゲートへ到着します。ペニストンが目撃したのは、飛行機が墜落したかのような、さまざまな色の物体でした。墜落事故と思われたので、中央警備室に調査の許可を求めました。

バローズとペニストンは光のほうへ向かい、車で近づけなくなると、歩いていきました。謎の物体のそばに行くにつれ、無線が通じなくなりました。服や顔や髪に電気が走るような感じがしたとペニストンは語っています。煙の臭いはなく、目もくらむほど白く光っています。さらに近づくと、光が弱まりました。物体は三角形で、幅は三メートルほど、高さは二メートル半ほどでした。物体の表面はなめらかで、操縦室やエンジンや着陸装置などは見あたりません。音もまったくせず、ペニストンの最初の証言では、なんらかの機械で、赤と青の光を発していました。青い光は物体の下側の一、二メートル四方を照らしています。ペニストンとバローズは森のなかをジグザグに飛んでいく物体を追いかけましたが、ついに見失いました。

のちの質問で、ペニストンは物体に触れてみたら温かく、熱いほどではなかったと語っています。光は物体の素材から発しているようだったが、どういう仕組みかはわからないと言います。また、奇妙なシンボルにも気づきました。突然、物体はまぶしく光り、驚異的なスピードで森の上まで上がりました。ペニストンが言うには瞬きする間もないほどだったそうです。さらに彼は、付近の灯台のほうからまったくべつの光がさしていることに気づきました。物体が行ってしまうと、使えなかった無線が通じるようになりました。ペニストンはまた、物体が地面に残した跡について述べています。対照的に三つの丸いくぼみがあり、間隔は三メートルほどで、深さは五、六センチでした。

この事件のあと、かれらは秘密を口外しないと約束させられました。ペニストンは、事件の全容を報告したら昇進はできないと言われ、しかたなく肝心の部分を削除した報告をしました。ときにはそっとしておくのが最善の場合もあるのだという、遠回しの警告を受けたのです。証言のところどころに矛盾があるのはそのためだと思われます。しかし話はまだ終わりではありません。

十二月二十八日あるいは二十九日（両方の報告あり）、さらにUFOが目撃されます。基地の副司令官チャールズ・ホルト中佐が、これらの遭遇体験を記録し、二週間後にイギリス国防省に文書で送っています。その文書は、情報公開法に基づき、一九八三年六月にアメリカの〈UFO秘密主義と戦う市民の会〉（CAUS）に公開されています。ホルトは士官クラブにいたときにUFO目撃の情報を受け取り、三人の警備チームを招集し、小型のテープ・レコーダーを持って、レンドルシャムの森へ理性的な説明が見つかるものと期待して調べに向かいました。ホルトの無線もペニストンやバローズと同じように通じなくなり、二日ほど前の夜にふたりがいた辺りの木々に裂け目があるのに気づきました。森の動物や近隣の農家の家畜がさかんに騒いでいます。

ホルトは鮮やかに赤く輝く物体に気づきました。中心は暗く、黄色い光を発しています。物体は木々のあいだを水平に移動し、溶融した金属のようなものを滴らせ、それらは白い破片に変わっていくように見えました。光は消え、物体は飛び去りました。その光線は基地の核物質保管区域を指していたとの証言もあります。この時点でホルトのレコーダーのテープがなくなりましたが、彼はチームとともにもう二、三時間森にとどまりました。

ホルトは三つの星に似た物体を見たと記録に書いています。二つは北のほうに一時間ほど見えていて、一つは南のほうに二時間ほど見えており、ときどき光を発していました。ホルトは経験豊富な士官で、この件に関する報告をすべてふまえた上での明らかに信頼性のある証言であるにもかかわらず、イギリス国防省はこの記録がアメリカで公開されて認めざるを得ない事態になるまで、否定しつづけました。

何年かしてアメリカ空軍を退役したあと、二〇〇九年六月二十五日の記者会見で、チャールズ・ホルトは一九八〇年十二月に目撃した物体についてよりくわしく語りました。自分が見たＵＦＯは知性をもって制御されている機械製品で、かつて見たこともない領域の存在であるとホルトは明言しています。間近で見たあの物体は地球外から来たものであると信じる、と。そしてアメリカとイギリスの国防省はレンドルシャムの森で起きたことの重大性を否定し、情報工作をしたと断言しました。この件に関連してはほかにも主張がなされています。バローズはべつの航空兵と現場を調べにいき、草原に青い光を目撃しましたが、走っていくと光は消えてしまったということです。もとアメリカ空軍防衛部隊のラリー・ウォレンは、人間に似た三人の宇宙人とコミュニケーションを交わしたと述べていますが、この件に関わったほかの士官たちは否定しています。二〇〇二年に情報公開されたファイルは、レーダーの記録や日付に誤りがあり、欠けている記録もあるとして、きわめて疑がわしいとみなす研究者もいます。この件に関わった人々も含め、ある人々は真相はいまだに隠蔽されたままと考えています。以前、国防省のUFO情報を扱う部門に勤務していたもと官僚は、レンドルシャムの森の目撃証言は過去最大のUFO遭遇事件だと述べたそうで、〝イギリス版ロズウェル事件〟とも呼ばれています。

隠蔽工作が行われていることは明白です。目撃者たちはなにも話すなと警告され、なかには脅迫された者もいます。撮影された写真は基地の研究所で現像されましたが、なにも写っていませんでした。キング博士から私が電話をもらったあの日、新聞にその事件が載るまで、世間にはまったく知らされないままでした。ずっと前に、懐疑主義者たちとラジオ番組で対談したとき、こっけいな説明をいろいろ聞かされたことを覚えています。たとえば、ある天文学者はこう説明づけました。高度に訓練された軍人たちが見た光は近くの灯台のもので、木々についた裂け目は木こりが切った跡で、地面のくぼみはアナグマが掘ったものだというのです！　こんなばかげた説明を思いつくなんて厚かましさにもほどがありますが、かれらは本当にそう言ったのです。かれらのすべてが政府の手先だとは言いませんが、一部はおそらくそうでしょう。

## MIBの脅し

政府の手先の古典的な例として、いわゆる〝黒服の男たち《メン・イン・ブラック》（MIB）〟が挙げられます。UFOを目撃したり、遭遇したりした人がいると、黒服に黒い帽子、サングラスをした男たちが訪ねてくるというのです。今では漫画っぽく聞こえ、ハリウッド映画の題材にもなっていますが、口封じのためにそのような男たちに訪ねてこられた当事者たちにとっては、笑いごとではすまされません。私は実際にイギリスとニュージーランドでMIBの訪問を受けたという信頼のおける証言者と話したことがありますが、かれらの目的は脅迫だったと言います。男たちはよくわからない政府の役職名をかたり、身分証を示しさえするそうです。そしてUFOを目撃したことを人に話したら、本人や家族に危害が及ぶと脅迫します。MIBは実際に政府の秘密情報員であるか、あるいは役者を雇ってそういう格好をさせ、目撃者を脅しているのかもしれません。

しかしもっとも有名なMIBの事例であるアルバート・K・ベンダーの場合は、そのどちらでもなさそうです。ベンダーの事例はこの種の体験の典型例となっています。ベンダーは一九五二年にアメリカのコネティカットで、〈国際空飛ぶ円盤調査局〉という小さな組織を立ち上げました。機関誌『スペース・レビュー』は二百人ばかりの購読者に郵送されていました。一九五三年十月、ベンダーは『スペース・レビュー』の刊行を延期し、空飛ぶ円盤の調査に関してはきわめて慎重になったほうがよいと読者に助言しました。のちに新聞のインタビューで語った話では、訪ねてきた三人の男たちに相当な脅迫をされ、組織をたたみ、機関誌も中止したということです。訪問を受けてからのベンダーは人が違ったようだったと周囲の人々は語っています。ベンダーの話では、寝室で寝ていたら、黒服に黒い帽子の男が三人、現れたということです。男たちは、UFOに関するベンダーの説のいくつかは正しいが、ただちに調査をやめるようにと命じました。かれらは普通の人間ではないようで、目が電球のように光り、テレパシーを使いました。実際、超能力を持つ下層界の存在が人間に化けて介入しているのがMIBであるという有力な説があります。これに関しては第七章でくわしく述べるつもりです。

もうひとつ、より現実的な例はオハイオ州トレドに住むロバート・リチャードソンの体験です。

一九六七年七月、彼は夜中に運転中、UFOと衝突しました。カーブで急停止できずに物体と衝突しましたが、それはすぐに消えました。ぶつかった衝撃はそれほどでもなく、UFOの破片と思われる小さな青灰色の金属片をあとで見つけました。彼はその出来事を、空中現象調査機構（Aerial Phenomena Research Organization）に報告します。三日後、男が二人家に訪ねてきて、いろいろ質問をしました。さらに一週間後、またべつの黒服姿の男が二人現れ、あなたはどんな物とも衝突などしなかったと言い、例の金属片を渡さなければ、リチャードソンと妻に危害が及ぶと脅しました。しかしリチャードソンはUFO研究者にその金属片をすでに送っていたため、渡せませんでした。

MIBと遭遇した人で、私が実際に話したことがあるのは、イギリス北部のカンブリア州に住むジム・テンプルトンです。ローカル・ラジオ局でマイク・アレンと一緒に〈現象ファイル〉という番組に出ていたときにも、ジムにインタビューしました。州都カーライルでカンブリア消防署に勤務しているジムは、一九六四年五月二十四日にバーグ湿地へ妻と娘を連れてピクニックに出かけました。ごくふつうの一日でしたが、嵐の前のような、空気が帯電しているような妙な感じがありました。ジムは娘の写真を撮りましたが、現像してみると、子供のすぐ後ろに、白い宇宙服とヘルメットをつけた背の高い人物が立っているのが写っていました。写真をコダックで調べてもらいましたが、ネガを検査しても合成などの形跡は見られませんでした。その写真はカンブリア人、またはカンブリアの宇宙人として有名になりました。写真が地元新聞に載ったあとで、ジムはある電話を受けます。相手は政府の職員だと名乗り、今すぐその話題を取り消すようにジムに言いました。消防署にも、当時のイギリスの役人の定番である山高帽をかぶった男が二人訪ねてきて、国家政府の者だと名乗りました。かれらはジムと一緒にピクニックをした場所へ行き、そこでなにを見たかをくわしく質問しました。海の反対側の体験談に比べればたいしたことはない話ですが、UFOや宇宙人を目撃した人の口封じを当時のイギリス政府が行っていたという噂がまんざら嘘ではなかったことがわかります。

一九六七年二月、アメリカ空軍の〈プロジェクト・ブルー・ブック〉に関する国防総省のスポークスマンだったジョージ・フリーマン大佐が、あるUFO研究者にこのように告げたとされています。空軍の制服を着て、政府の職員の身分証を示す怪しい男たちがUFOの目撃者の口封じをしているとの噂があるが、このような者たちは詐欺師で、空軍や政府とはなんの関係もない、と。これは巧妙な情報工作とも考えられますが、いっぽうで、それらの人物は極秘中の極秘で政府に雇われており、フリーマン大佐のような一介の軍人は知らされていなかった可能性もあります。真相はどうあれ、MIBについての報告は世界の各地であり、ときとしてごく限られた研究者や政府の人間しか知り得ない情報を握っていると言われています。

## 握り潰される真実

しかしながら真実を握りつぶしたり、ゆがめたりしようとしているのは政府だけではありません。スピリチュアルな観点においては、暗い闇の世界で虚偽が仕組まれることもあるのです。下層界の存在やオカルト魔術などによって。UFO現象では、いわゆる誘拐体験がこれに相当し、きわめて慎重に対処しなければならないと私は考えています。証言が嘘か本当かという問題だけではなく、誘拐体験はたとえ事実だとしても、それはUFOや宇宙人のしわざではない可能性もあるのです。

誘拐体験の調査にはもっぱら催眠療法が用いられます。退行催眠は、一、二時間ほどの失われた時間の記憶を取り戻させるのにもっとも有効な方法だと考えられています。精神科医や心理学者の助けを借りて行います。誘拐体験をした人はそれを覚えていないことが非常に多く、催眠療法をかけられて初めて、宇宙人に誘拐されたという特異な体験を思いだします。

正直に言わせてもらうと、このタイプの証拠はきわめて疑わしいと思います。私は催眠療法の専門家ではありませんが、悪用の可能性が高いことは明白です。患者は催眠状態である考えを植え込まれ、目覚めたときに意識に残っていることを記憶と勘違いします。証言者たちは嘘をついているのではなく、実際に起きたと信じこまされたことをしゃべっているのです。一般に知られているように、エンターテイメントの世界では、誰かに催眠術をかけてそこにないものをあると思わせたり、ほかの人物であると思わせたりして、観客をおもしろがらせます。なんらかの組織が、この催眠療法を故意に悪用し、ＵＦＯ問題を混乱させて、信用を落とさせようと企まないともかぎりません。

精神医学者をあざむくために偽物の誘拐体験者を紛れこませるという話も聞いたことがあります。学者は催眠療法を行い、完全にだまされて、恥をかくというわけです。すべての証言者が偽物だというつもりはありませんが、退行催眠で得られたデータの信憑性には疑問を持たざるを得ません。

誘拐体験をしたという人々すべてが、故意にせよ利用されてにせよ、世間をあざむいたと言っているわけではありません。善良な証言のなかには本物も含まれているでしょう。しかし悪い宇宙人が人間を誘拐し、その人は一時的な記憶をなくしていて、退行催眠で思いだしたという事例には、断固反対です。悪い宇宙人はそんな手間をかけなくとも、そういう技術があれば簡単に地球を侵略してしまえるでしょう。逆に私たちは悪い宇宙人から守られていると私は信じています。それについては本書でのちほど述べたいと思います。もし守られていなければ、ずっと昔に皆殺しにされるか奴隷にされるかしていたでしょう。そしてまた、政府機関とはまったくべつの邪悪な力が、ＵＦＯに関する真実を握りつぶそうとしていることも、私は確信しています。

この話題について、先日イギリス北部で講演したとき、聞きに来た何人かの経験豊富なＵＦＯ研究者たちは、私の確信に満ちた口調にとても驚いていました。ＵＦＯ問題に関するこの二、三〇年の不吉な予言や悲観的な考えに慣れきっていた研究者たちには、私のスピリチュアルな解釈が一筋の光明に思えたのです。ＵＦＯ研究者のあいだに蔓延する悲観論にはじゅうぶんな理由があります。魔術やほかの領域の存在については第七章でくわしく述べますが、心霊現象の暗黒面に触れることなくして、誘拐体験を正しく解明することはできないというのが私の意見です。

多くの誘拐体験に共通するのが、寝ているとき、失われた時間、一時的記憶喪失、なんらかのトランス状態などです。これらはすべて心霊体験の要素で、何千年も昔からそういう体験をする人々はつねにいて、必ずしも宇宙人にかかわるものではありませんでした。中世であれば小鬼などの邪悪な存在、もう少しあとの時代では悪霊やポルターガイストなどのせいとされていたものが、現代では頭でっかちの宇宙人に残酷な手術をされるという発想になったのかもしれません。魔術を用いて人を支配しようとする邪悪なオカルト信仰は、あらゆる手を尽くして避けるべきです。この世の、あるいはほかの領域の邪悪な存在が自分たちの利益のために望むなら、人間が寝ているときや起きていても意識がはっきりしていないときに、脳に考えを植えつけて、宇宙人に誘拐されたと信じこませることはとても簡単です。それは鮮明な記憶として残るか、退行催眠で思いだすこともあります。長年にわたる心霊研究で肉体や精神のレベルで驚くべきことがいろいろわかっており、そのような邪悪な存在はじゅうぶんな力があれば、人間に肉体的に植えこみを行い、宇宙人にそうされたように思いこむようプログラムすることもできるのです。そのような明らかに肉体的に証拠のある体験は、退行催眠によってより強化される可能性があります。

そんなことはとうてい信じがたいと思う人々のためにも、より深く心霊研究を行うべきだと思います。世界各地でさまざまなラジオ相談に応じてきたなかで、霊能力とはかかわりのないふつうの人たちが、いかにたくさん心霊的な体験をしているかを知り、私自身も驚いています。UFO研究者たちの多くは、心霊現象の世界を疑わしいとみなし、あえて一線を画してきました。これらの研究者たちは形而上学的な相対物を避けることで、重大な過ちを犯したのだと私は考えます。誘拐体験に関してはことにそうで、それらの証言を理解するには形而上学的な知識が必要なのです。いくつかの本物だろうと思われる善良な誘拐体験に加えて、儲け目的や〝十五分間の名声〟というくだらない理由でねつ造やいたずらもあります。精神的な病気によるものや政府の情報工作や、悪意ある人が被害者に催眠術で偽の記憶を植えつけるといった事例のほかにも、これは私の知るかぎりどんな本にも書かれていないことですが、さらに複雑なもうひとつのカテゴリーがあるのです。このカテゴリーに分類されるのは、下層界の暗い力によってプログラムされ、宇宙人に誘拐されたと信じている人々です。これらはたいていひどく不快でつらい体験で、長い期間つづいたりします。こういう患者は治療が必要であり、ときには心霊的あるいはスピリチュアルなセラピーも必要となります。心霊的な干渉から身を守ることもできますが、もし暗黒の存在が誘拐体験を起こさせてＵＦＯ研究を混乱させ、悪印象を与えようと目論んでいるなら、残念ながらいとも簡単に実行できるでしょう。

それらの体験とはどのようなものなのでしょうか？　誘拐されたと証言する人々が描写するのは灰色の宇宙人で、世界中の本にも載っているし、映画などでもよく登場します。もちろん、ひょっとしてそういう存在が実際にほかの星にいるかもしれませんが。車を運転中に見知らぬ宇宙船に転送されたというものや、身体検査をされたというものや、いろいろな体験があります。宇宙船で別世界へ旅をしたとか、宇宙人と語り合い、戦争や核実験を中止して、平和をもたらすよう呼びかけるメッセージを受け取ったりする場合もあります。

## 誘拐・遭遇体験の真偽

長年、誘拐体験がどんなふうに起き、どんなことをされるのかについて、さまざまな話がめぐっています。よくあるのは、寝ているときに灰色の宇宙人が足元に現れる、というものです。多くの場合、体験者は体が麻痺したように動けなくなり、ふと気づくと病院のような部屋にいて、宇宙人の姿が見え、ここは宇宙船のなかだと気づきます。また多くは、台の上に寝かされて、身体検査をされたと証言しています。埋めこみ手術をされたり、体液を採取されたりする極端なケースもあります。ほんの二、三分の出来事なのに、長い時間が経っていて、説明がつかないという報告もあります。これは〝失われた時間〟と言われています。誘拐されるのは平均的に一、二時間のあいだですが、まれに数日間という例もあります。これらの体験をするのはさまざまな人々で、以前からUFOを信じている人もいれば、信じていない人もいます。

現代に入って最初の誘拐体験は、一九六一年九月十九日の夜、休暇でカナダへ旅行していたベティとバーニーのヒル夫妻が、ニュー・ハンプシャーの自宅へ帰る途中に起こりました。十時十五分頃、運転していると、月の下に光が見えました。人工衛星か飛行機だろうと思いましたが、なんだか気になり、車を止めてしばらく見ていました。やがて運転を再開しましたが、それでも観察をつづけていると、その光は大きくなり、西のほうへ移動してまた戻ってきたように見えました。ふたりはまた車を止め、バーニーが双眼鏡で見てみると、光はほんの三十メートルほど先にあるようでした。バーニーが思いきって近づくと、宇宙船のなかに人影が見えたそうです。彼は怖くなり、ベティのいる車に駆け戻ると、全速力で発進しました。ビーッビーッという音が聞こえ、ドンとぶつかる衝撃がありましたが、そのまま家へ車を走らせつづけました。その後、車があちこち故障し、ベティは五日もつづけて同じ夢に悩まされ、バーニーは背中にひどい痛みを感じるなど、説明のつかないことが相次ぎました。退行催眠療法を受けると、ベティとバーニーはそれぞれ、UFOにさらわれて医学的な検査をされたあとで車に戻されたと語りました。

もうひとつ、よく知られている誘拐体験は、リンダ・ナポリターノ（当初はコーティルという名前を使っていました）の例です。一九八九年十一月三十日の午前三時、彼女はニューヨークのアパートメントの閉めた窓を通り抜けて宙に浮かびあがり、屋根の上にいた宇宙船のなかへ誘いこまれました。

マンハッタンで国連の政府要人の身辺警護にあたっていたふたりのボディガードが、この出来事を目撃していました。ボディガードふたりは、宇宙人らしき存在とともにひとりの女性が宙に浮かび、明るい赤みがかったオレンジ色と白っぽい青のライトを点滅させている円盤状の物体のなかへ入っていったと証言しています。リンダは連れ去られたときの記憶をなくしていましたが、退行催眠にかけられると、宇宙船のなかで台に寝かされて検査をされ、気づくと自分の部屋に戻っていたことを思いだしました。

もっとも有名な誘拐体験のひとつは、一九七五年十一月の夕方に起きました。トラヴィス・ウォルトンという若い伐採人は、アリゾナ州東部のアパッチ・シットグリーヴス国営林から仲間と家へ帰るところでした。森の道を車で走っていると、仲間のひとりが金色の光に気づきました。近づいてみると、謎の物体があり、ウォルトンは車を降りて近くで調べてみることにしました。物体は金属製のようで、内部からブーンという機械音のようなものが聞こえてきます。すると突然、物体から光線が放たれて、ウォルトンは宙に持ちあげられ、車に残っていた仲間たちは恐ろしくて逃げてしまいました。かれらは例の物体と思われる光が空に上がっていくのを見て、現場に戻りましたが、若い伐採人の姿はありませんでした。五日後、十一月十日に、混乱してどこにいるかわからないというウォルトンから家族に電話がありました。家族は五日分のひげが生えたウォルトンを電話ボックスで見つけました。彼は五日間のうちの一、二時間の記憶しかなく、部屋のなかで身体検査のようなものをされたと語りました。

この事件は今でもさまざまな議論を呼んでおり、一九九三年には『ファイヤー・イン・ザ・スカイ／未知からの生還』という映画にもなりました。トラヴィス・ウォルトンと仲間の伐採人たちは幾度も嘘発見器にかけられました。合格したものと、疑問の余地が残るものとがありました。ウォルトンが思いだした出来事の記憶についても、最初は催眠療法医に語ったものですが、いろいろと疑問が上がりました。どこまでが実際の記憶で、どこまでが退行催眠によるもの、あるいは非常にトラウマ的な体験による恐怖に満ちたイメージなのか、区別できないのです。いずれにしてもこれはきわめて意義深い事例であり、研究者はトラヴィス・ウォルトンの身に何かが起きたことは確かだと信じています。そしてまた、もし宇宙人がかかわっていたなら、敵意はなかったことがうかがえます。望めば簡単にウォルトンを傷つけたり、殺したりできたはずですから。しかし誘拐体験のほとんどは、控えめに言っても疑わしく、政治的・軍事的に仕組まれた情報操作の可能性も度外視できません。

話がそれますが、私は一九八六年の春にアメリカで、キング博士と仕事をしていて、体制側と衝突したことがあります。一九八六年十一月十七日にアラスカ上空を飛んでいた日本航空（ＪＡＬ）の一六二八輸送機が、ＵＦＯに追跡されたという報告がありました。報告をしたのは操縦士のケンジュ・テラウチ機長でした。そのボーイング七四七ジャンボ・ジェット機はフランスから日本へワインを運んでおり、操縦士ら乗組員をのぞいて乗客はいませんでした。操縦士の証言では物体は十キロほどの距離にあり、周囲に輪がある円盤状で、ジェット機が小さく見えるほど巨大であると推察されたということです。未確認飛行物体は地上のレーダーで観測され、航空交通管制塔から振り切るように指示がありましたが、できませんでした。物体は三十分ほど、飛行距離にして数百キロのあいだ、見えていましたが、やがて消えました。操縦士らはまた、大きいほうの物体から小さな物体がふたつ出てきて、ときどき停止したりしながら素早く飛びまわるのも目撃しています。そして大きな物体は地球外の宇宙船がよくやるとして知られる離れ業、姿を消したりまた現れたりを繰り返しました。私たちは事実を一般公開するよう運動を起こしましたが、高度な訓練を積んだパイロットによる強固な目撃証言とそれを裏づける管制塔のレーダー記録があるにもかかわらず、連邦航空局から情報を引きだすのは歯を抜くような難行で、お決まりののらりくらりとした対応をされるだけでした。

それから何年も経った二〇〇一年五月九日に、ワシントンＤＣのナショナル・プレス・クラブで情報開示に際する公式記者会見があり、世界各地の政府によって機密扱いとされてきたUFOに関する規制情報について話しあわれました。この記者会見の代表の一人は、JALの遭遇体験があった当時、連邦航空局長だったジョン・キャラハンです。キャラハンの話では、事件当時、連邦航空局のエンジン長官により、会議が開かれ、FBIやCIAの代表者やレーガン大統領の科学調査チームなどが参加したということです。会議の終わりにCIAは参加者全員に、この会議は行われず、事件の記録も一切されなかったことにするよう指示したようです。もともとの報告を最初に入手していた私は、情報開示をせざるを得なくなるまで当局側が否定をしつづけ、やっと開示された記録もおよそ完全とは言えなかったことを知っています。遭遇体験を新聞に知らせたパイロットは、長いこと事務仕事をさせられ、屈辱を味わわせられました。

目の前で行われている戦争について、私たちは政治指導者たちに嘘をつかれている。なかにはこんなふうに言う人もいるでしょう。国防に携わる人々は、政府がこの件を掌握しているのだから、国民はなにも心配する必要はないのだと錯覚を起こしているのかもしれません。政治家たちは地球外からの訪問者の問題について完璧な答えは知らないにせよ、世界の情報組織のごく一角では、私たちが与えられる以上の情報を握っているのです。

けれどもごくたまに、政府が築いた否定の壁に光明のひびが生じることもあります。一九九一年に、アメリカの宇宙飛行士ドクター・エドガー・ミッチェルは、『オプラ・ウィンフリー・ショー』で、地球外生命体について大衆の知らないはるかに多くのことがわかっていると率直に語りました。数年後にはさらに大胆に、任務で宇宙人と接近遭遇した三カ国の政府高官に会ったことがあると、テレビで話しました。もう一人のアメリカの宇宙飛行士ゴードン・クーパーは、一九七八年の国連会議に際して、地球外の宇宙船とその乗組員がこの地球を訪れ、かれらの文明はわれわれよりずっと高度であると文書に記しました。のちにクーパーは、宇宙飛行士たちはUFO体験を明かすことに非常に慎重だが、体験者は何人かいると述べました。

## 寄せられる目撃情報

私たちが教えられていることは氷山のごく一角です。少なくともイギリスの現状はそうです。二〇〇九年十二月、イギリス国防省はUFO目撃を報告するための国民向けの直通電話とメールアドレスを公式に打ち切りました。五〇年間の目撃情報の収集と調査の末に、国防的な価値はないと判断して、UFO部門を閉鎖したのです。情報の対応にあたっていた職員をほかへ移せば、年間四四〇〇〇ポンドの節約になるとBBCは報道しました。その財源は、最優先事項であるアフガニスタンのタリバンとの戦争の最前線に使われると国防省のスポークスマンは述べました。UFO部門では何千という目撃情報が寄せられてきたが、宇宙人の存在を証明するには至らず、国防上の脅威もないというのが、国防省の見解です。地球外生命体の存在については、国防省はあいかわらずノーコメントで通しました。過去五〇年間に寄せられたUFO情報で、イギリス国家に脅威となる証拠は一切見つかっていない、ということで、これ以上調査をしても国防上の利益はなく、資金の無駄である。イギリスの上空に脅威があれば、レーダーで発見し、英国空軍の戦闘機が対処する、と。

以下の発言は国防省のもっとも率直な告白と言えるかも知れません。「国防省はそのような目撃体験がどういう性質のものであるか、判断できる専門知識がない」これは責任逃れの不誠実な発言とも取れますが、文字どおりの意味で、これらの現象の重大性に国防省はまったく対処できないことを正直に認めたとも考えられます。さらにほかの省が引き継がないということは、政府自体がUFO問題に対処できないことを示しています。そのような重要な問題を真剣に考えるには、膨大な時間と手間がかかります。ダンテはこのように断じています。「倫理的な危機においてどっちつかずのままだった者たちには、地獄のもっとも暗き場所が用意されている」

もちろん、国防省の発言を一瞬たりとも信じないという人もいます。国防省に報告されたその年の目撃例は三倍にも増えたことを考えればなおさらです。二〇〇九年九月二十日、非常に保守的な新聞『サンデー・テレグラフ』の社説に、最低でも一日一人のイギリス人が、遭遇体験をしているという記事が載りました。もっとも目撃例の多い土地はスコットランドのボニーブリッジという町で、エジンバラに近く、フォールカークの西に位置しています。スターリングとスコットランドの首都の周辺を結ぶその地域は〝フォールカーク・トライアングル〟とあだ名されており、毎年、何百という目撃例が報告されています。地元議員の一人、ビリー・ブキャナンは、何年か前にラジオ番組で私と対談したとき、その一帯では何千という目撃例があり、彼自身もビデオに撮影し、偽物だという証拠は一度も見つかっていないと話していました。ひとつの場所に異常に目撃例が集中しているこの場所を、メディアはおもしろがって取材し、〝スコッティ、転送してくれ！〟［訳注　SFドラマ『スタートレック』のせりふ。スコットランドとかけたジョーク］と見出しをつけたりしています。

ボニーブリッジやイギリス国内で報告されている目撃例の多さに、はたして政府上層部は警戒し、方針を考えなおすでしょうか？　政府とUFOの存在の政治的なつながりにけりをつけるときではないのでしょうか？　情報公開法により政府はUFOファイルの一部を一般に公開せざるを得なくなったが、調査を打ち切ればよりくわしい情報を公開しないですむという陰謀説を唱える人々もいます。政府はUFO情報を受けつけないというのが公的な立場であれば、どうやって情報公開を求められるでしょうか？

国防省の真意がどうであれ――隠蔽工作の継続を企んでいるのか、この現象の重要性にまったく気づかないのか――ともかくイギリス政府は、少なくとも公的には、UFO問題に関する責任を全面的に放棄したのです。それをまるで信じない人々がいたとしても、身に覚えのある政治家たちは驚かないでしょう。

二〇〇九年の新聞報告によれば、この問題にとてもオープンなのはブルガリアの政府だそうです。ブルガリア科学アカデミーの宇宙研究所の副長官ラケッツァー・フィリポフは、われわれは地球外生命体とのコンタクトについて研究していると述べています。研究所では三十項目の質問を提出し、世界中に出現したミステリー・サークルを分析調査しており、質問に対する回答は嘘であると感じているそうです。

現在、宇宙人はわれわれのまわりにいて、いつもわれわれを観察しており、敵意は抱いていないとフィリポフは断じています。むしろかれらは私たちを助けたがっているのですが、直接コンタクトできるほど私たちは進化していないのだ、と。そのような直接のコンタクトは今後十年か十五年のうちに可能になるだろう、とフィリポフは言います。しかしそれは通信機器によるものではなく、テレパシーで行われるだろう、と。こういうことはすでにこの地球で歴史を通じて現在にいたるまで行われてきたという意見もあり、私もそれに賛成する一人です。

フィリポフはさらに興味深いことを語っています。地球外生命体は倫理に反する行為に厳しく、自然の営みを阻害する人類に批判的だと。このことは、地球外生命体が私たち人間に求めているのは技術的な発展ではなくスピリチュアルな進化であり、それが親密なコンタクトの鍵であるという、これまでの接触者たちの主張と一致しています。ブルガリア科学アカデミーの宇宙研究所が、地球外生命体と純粋なコンタクトを取った人々ではなく、ミステリー・サークルの調査に答えを求めているのが、ある意味では残念ですが。

ちなみに、ミステリー・サークルは確かに興味深い現象で、いろいろな本や講演やウェブサイトなどがあり、メディアでも議論されています。実際はUFOとはべつの研究分野なのですが、多くの人は両者を結びつけて考えようとします。しかし控えめに言っても両者の関係は薄く、You Tube などのＵＦＯがミステリー・サークルを描いている映像は眉つばものです。しかしごくまれに、頭ごなしに否定できない報告もあります。そのひとつは、私の友人でＵＦＯ専門家のアーナンダ・シリセナが調査したものです。火星についての講義をするためにハンガリーのゾロノックを訪れていたアーナンダは、ＵＦＯを研究している老紳士に会い、その紳士はＵＦＯがよく目撃されたエネルギー発電所でかつて仕事をしていたということでした。あるとき、ＵＦＯが現れたときに発電所が稼働できなくなったことがありました。宇宙人は、その発電所で行われている核実験をやめさせたいと願っていると、老紳士は感じたそうです。彼はアーナンダに自分の体験を語りました。ある夕方、六時から七時のあいだのことで、作業員のチームが安全フェンスの向こうの高圧線の鉄塔で作業をしていました。すると空に光が見えて、鉄塔に近づいてきます。まばゆく光るその物体は、空中で垂直に上下に動き、あとで見たところ、ＵＦＯが浮かんでいたまさにその場所にミステリー・サークルができていたそうです。

この実体験は、ほかの国のいくつかの例と一致します。かつて私がイギリス西部のラジオで電話参加形式の番組に出ていたとき、ＵＦＯを目撃したという電話がありました。ＵＦＯが飛んでいた辺りにミステリー・サークルができていたが、いんちきを作ることなどできないぐらい一瞬のことだったというのです。私は専門家ではありませんが、この現象に詳しい人が言うには、偽物と本物では、美しさや出来映えにおいて明らかな違いがあるそうです。この問題についてはおおいに心を開いておくべきですが、地球外の文明とコンタクトを取るための主要な、あるいは最良のルートではないと私は思っています。

また、コンタクトを取るのに通信機器は最良の手段ではないというフィリポフの意見にも賛成です。地球外の種族とコミュニケーションするには、テレパシーのほうがはるかに効果的で意義深い手段でしょう。かれらはすでに望みさえすればいつでも宇宙船で地球へ来ることができ、地球人と堂々と直接コンタクトする条件やタイミングをみはからっているのです。かれらは姿を見せる度合いをコントロールできるように、はるかに優れた技術で私たちが感知できるラジオ電波をコントロールすることもできます。だとすれば、SETI（地球外文明探索計画）の法外な費用をかけた計画は無駄に思えてきます。アメリカに拠点を置くSETIは、個人財団などからの寄付金やNASAからの助成金によって運営されています。その目的はテクノロジーの兆候を探すことによって、宇宙に生命体がいる証拠を見つけることです。放送局や航空機や人工衛星などから発せられるラジオ電波は、理論的には地球から宇宙へ際限なく届くのだから、地球外の文明が発する電波もこちらへ届いているはずだと考えて、電波望遠鏡を用いています。これではかれらが存在することがわかったとしても、直接的なコンタクトを取ることはできません。

地球外生命体とコンタクトする責任を政府が負うことに疑問のある人は、この問題に関して真実を判断するのは並外れた遭遇体験をしているごくふつうの市民だと確信できるはずです。政府やミステリー・サークルの解読に答えを求めても無駄です。真の洞察は、地球外の知的生命体と第三種の接近遭遇として一九七〇年代に知られるようになったコンタクトを、期せずして体験した人々によってもたらされるのです。

# 第四章 ハンプシャーでの接近遭遇

事実は小説より奇なり

バイロン卿

## ソクラテスのテスト

オスカー・ワイルドの言葉です。「みんなが私に賛成するときはいつも、自分が間違っているに違いないと感じる」ドミニコ会の修道士で、哲学者、天文学者、神秘主義者でもあったジョルダーノ・ブルーノは、勇敢にも自分の時代の一般に受け入れられている考えに反論して、こう言いました。「大多数に信じられているか否かによって、真実が変わることはない」けれども彼はそのために究極の代償として、火あぶりの刑に処せられました。一六〇〇年のローマで、ブルーノは宇宙には無限に生命があふれていると信じていたのです。ブルーノは敵対的な思想のなかで孤立無援でしたが、ドイツのカトリック枢機卿のニコラス・クザーヌスによって、十五世紀にすでに道がつけられていました。クザーヌスも宇宙の生命について考察していました。時代が昔だったので、ニコラス・クザーヌスは刑を免れましたが、ブルーノはそれほど幸運ではありませんでした。しかし彼の考えは汚名をすすがれ、その〝異端思想〟は今ではヴァチカンを含む、大多数の人々に受け入れられています。

一九七〇年代では、UFOを目撃した人々は磔の刑にはされませんが、違う種類の教義と対決しなければなりませんでした。いわゆる専門家と呼ばれる人々は、自分たちはUFO証言を反証する権威であると考え、ときにあまりに突拍子もない解説をしたりするので、宇宙人の乗った宇宙船という考えのほうがまともに思えることもあります。しかしこういう反証家たちが、当時はまじめに受け入れられていたのです。じつのところ、偉い専門家が、宇宙人がUFOで地球に来るという考えを打ち消してくれたおかげで、安全な日常を取り戻せるという、はっきりとした安堵感が一部の人々にはありました。

たとえば序文に挙げた、ハルの町の上空に現れた葉巻形の物体を何百人もが目撃したのですが、地元のメディアで大学の科学の教授があれはバリウム雲だと説明し、ＵＦＯの可能性はすぐさま否定されました。この教授はＵＦＯに関する知識は皆無でしたが、自分たちが目撃したものが何であるかを、権威ある言葉で説明するのが自分のつとめだと感じたのでしょう。最近の研究では、バリウム雲はたとえゆっくり移動したとしても、長時間同じ形を保つことはなく、ましてやまぶしい白い光を放ったりもしないことはわかっています。それもまず、あのときバリウム雲が現れる条件がそろっていればの話です。けれどもある教授があれはバリウム雲だと言えば、それでじゅうぶんだったのです。人々は彼を信じ、壮観だったＵＦＯの目撃体験は握りつぶされ、それを見たり聞いたりした人々は、ハルの町に宇宙人が訪ねてきたのだろうかと悩むことなく、日常の暮らしに戻れるというわけです。

自分はなにも知らないことを認めると、外側の経験も内側の経験も、私が〝ソクラテスのテスト〟と呼ぶものになり、くだんの教授は完璧にそのテストでは落第です。ソクラテスは自分のことを、なにも知らないということを知っているがゆえに世の中でもっとも賢い、と称したと言われています。その通りであるなら、ひどく虚しいことに思えますが、それはすべてを言い得た言葉で、覚えておく価値はあります。残念ながら、事実として意見を述べることはよいとされていて、今日ではいわゆる専門家たちがこのテストに毎日のように落第しています。たとえば、歴史家がヘンリー八世の動機はこうであったと教えます。かれらは本当に知っているわけではなく、学んだことから推測しているだけです。きわめて学問を積んだ推測かもしれませんが、推測には違いありません。かれらがそれは推測にすぎないとわかっている分にはいいのですが、あまりにしばしば、かれらは歴史上の人物の心理的な動機を知っているかのように錯覚するという危険を冒します。誰も反論することのない知識の砦に守られている人々は、主張も大胆になるものです。経済学者は正反対の説を経済の法則上の普遍の事実として大げさに語ることで有名です。しかしかれらのすべてが正しいとはかぎりません。昨今の世界的な経済発展を考えれば、かれらはみんな間違っているかもしれないのです。

## 否定されるUFO遭遇

UFOなど存在するわけがないという教義が支配的だった一九七〇年代には、狂信的とも言えるほど熱心にその現象を反証しようとする人々がいました。かれらはどんなに確実な証拠があろうと、目撃体験にべつの理屈をこじつけます。〝UFO否定症候群〟とでも言うべきこれらの事例の最たるものは、一九七八年十二月にニュージーランドのサウスアイランドの山脈地帯で目撃された〝カイコウラの光〟に関してでした。当時、私はUFOについてのメディアのインタビューや講演のために出かけていたニュージーランドとオーストラリアから戻ったばかりだったので、この驚異の目撃体験について聞こうと、たくさんのイギリスのラジオ番組に招かれました。十二月二十一日、最初に貨物輸送機の乗組員が機体のまわりを飛ぶ奇妙な光る物体に気がつきました。なかには家ほどの大きさのものもあり、数分間、飛行機を追ってきました。レーダーでも感知され、目撃者も大勢いました。十二月三十日、一人のオーストラリア人のテレビ記者が、ウェリントンからクライストチャーチへ向かう貨物輸送機に乗り込み、UFOを撮影しました。一つの物体はほとんど着陸寸前まで追いかけてきました。飛行機がふたたび飛び立つと、巨大な光の球は十五分間ほどついてきました。このときも物体は飛行機とウェリントンの管制塔のレーダーで感知され、地上から大勢の人が見ていました。

これらの目撃体験について調査をしたニュージーランド政府は、当初、金星の光だろうと説明しました。さらに驚くことに、メディアでも大まじめにこの説明がまかり通り、大勢が疑いもなくそれを信じたのです。ほかにも「日本のイカつり漁船の閃光」だとかいろいろな説明がなされました。私のお気に入りは、「繁殖のために渡ってきたミズナギドリの群れ」というものです。これほどのスピードで飛んでくるとは、ミズナギドリはよほど交尾がしたくてあせっていたのでしょう！

しかしながらカイコウラの光のように確実な証拠があるものばかりではなく、バランスを取るためにあえて言うと、あまりにも熱狂しすぎてしまう目撃者もなかにはいます。空を移動する光が見えたからと言って、それが進んだ文明の生命体の操縦する地球外の宇宙船であるという証明にはならないのです。確実に地球外の宇宙船だと言えるUFO遭遇のひとつのタイプは、第三種接近遭遇で、目撃者は宇宙船の形や構造を目で見て、それに乗っている一人か、それ以上の存在と会うというものです。そのような体験をした一人がジョイス・ボウルズです。イギリスのハンプシャー州でその体験をした彼女は、一九七六年十一月の私の最初のUFO調査の対象者でした。その体験の場には、ジョイスの友人のテッド・プラットもいました。ジョイスはとても現実的な四〇代の女性で、テッドは五〇代後半のごく常識的な男性です。二人ともでたらめを言うようなタイプではなく、そんなことをする動機も持ちあわせていません。けれども自分の体験を勇気を持って正直に話した二人は、嘲笑と軽蔑を浴びせられただけでした。遭遇体験の数日後、最初にインタビューしたのが私で、二人とも確実に信頼できる目撃者だとわかりました。二人の話を疑う理由はまったくありませんでした。

以下に載せたのは、携帯テープ・レコーダーを用いて、かれらの自宅で私がインタビューをした内容を文字に起こしたものです。最初に掲載されたのは一九七六年十二月のエセリアス・ソサエティの会報誌なので、ほかの本に載せるのはこれが初めてです。


**ミセス・ジョイス・ボウルズ：十一月十四日の日曜日、夜八時四十五分に、チェルトナムのガールフレンドを訪ねている息子のスティーブンを迎えにいくため、私は家を出ました。その晩は、ミスター・テッド・プラットと奥さんのルネがうちに来ていました。八時四十五分という時刻なので、私はミスター・プラットに一緒に来てもらうよう頼み、ルネはうちで私**

の下の子を見ていてくれることになりました。

一キロ少し行って、大きなラウンドアバウトをまわり、ウィンチェスター・バイパスを走っているとき、左手にぎらぎら光る大きなオレンジ色の光が見えました。私はテッドに言いました。「見て、テッド、あの大きなオレンジの光を！」彼はそれを見て言いました。「気をつけて、前を見ていなきゃだめだよ」私が運転していたのです。それでもまたオレンジ色の光が目に入り、私は言いました。「テッド、ともかく見てよ。ああ、間に合わない、もう消えちゃったわ」オレンジの光は木々の向こうに消えてしまいました。

バイパスの途中で、左折してチルコム・レーンに入り、チルコム・ヴィレッジへ向かいました。ギアをセカンドにして五、六メートル進んだところで、車が振動しはじめました。突然エンジンが止まり、私たちは車に乗ったまま持ちあげられて、生け垣の植わった広い草縁に斜めに乗り入れました。どしんと衝撃があり、車が着地したのだと思いました。長い葉巻形の物体に気づいたのはそのときです。下部から白い蒸気のようなものが出ていました。なかに三人の人が乗っていましたが、頭と肩しか見えませんでした。そのうちの一人が降りてきましたが、ドアが開くところは見た覚えがありません。彼はまっすぐに歩いてきました。葉巻形の物体は私の車に対して斜めに止まっていて、降りてきた彼は私の側の窓のところへ来ました。彼が近づいてくるとき、かすかなピーッという、やかんが沸くときのような音がしていました。その音が、彼と物体のどちらから聞こえてくるのかはわかりませんでしたが。

彼は車の屋根に片手をついて身をかがめ、ミスター・プラットと私を見ました。最初に彼は私を見ました。大きなピンク色の目をしていました。次にミスター・プラットを見ました。それからダッシュボードに目をやりました。彼がダッシュボードを見つめると、キーをまわしていないのにエンジンがかかりました。エンジンがかかると同時に、車のライトが通常の四倍くらいに明るくなりました。バイパスをそれて横道に入るときに、ライトをつけたままにしていたのです。私は恐ろしくて身がすくみ、ミスター・プラットに寄り添いました。ミスター・プラットは車を降りてみようと言いましたが、私はだめだと言いました。私は彼にしがみつき、思わずつぶっていた目を片方だけ開けて、言いました。「気をつけて、テッド。あの人、車の後ろへまわったわ。あなたの側へ行くつもりよ」テッドは左肩越しにふり向いて、彼が近づいてくるのを待ち、私は目をぎゅっとつぶってテッドにしがみついていました。左肩越しにずっと後ろをうかがっていたテッドは、私のほうを向いて言いました。「もうなにも見えないよ、ジョイス」私たちが見まわすと、その得体の知れない物体も人物もいなくなっていました。

その人物の描写です。身長は一八〇センチから一八二センチぐらいでした。前も後ろも同じ形のつなぎの服を着ていて、襟はハイネックのとっくりでした。右側に縫い目のようなものがありましたが、本当にそうかどうかはわかりません。髪は肩まであり、すそがカールしていました。もみあげとつながったひげを生やしていました。

その人物がいなくなってから、ミスター・プラットが言いました。「ぼくが運転を替わろうか、ジョイス?」「大丈夫よ」私は車から降りるのが怖いばかりにそう言いました。ミスター・プラットは言いました。「よし、じゃあジョイス、ギアをファーストに入れて、動くかどうか見てみよう」私はイグニッション・キーをまわし、ギアをファーストに入れて発進しようとしました。でも動きません。目に見えないバリアーにじゃまされているような感じですが、前方にはなにもありません。ギアをニュートラルに戻し、しばらく待ってからもう一度、スタートさせました。それ以来、私の車は抜群のスピードで走るようになりました。

リチャード・ローレンス：その人物についてもう少しくわしく話してもらえますか?　たと

えば顔つきは優しい感じ、それともそうではなかったですか？
ＪＢ：あいにくミスター・プラットのほうがくわしく話せると思います。でも私が見たかぎりでは、邪悪な人には見えませんでした。
ＲＬ：宇宙船は葉巻形だったと言いましたね？
ＪＢ：私たちが見たかぎりでは。たとえて言うなら、ウィンストン・チャーチル卿が愛用していたような太い葉巻を、うんと大きくしたような感じですね。私にはそれしか表現できません。そして光っていました。
ＲＬ：どれぐらい距離が離れていましたか？
ＪＢ：五メートルぐらいです。
ＲＬ：事件以来、たくさんの人が接触してきたでしょう。何人ぐらいかわかりますか？
ＪＢ：三十人ちょっとかしら。
ＲＬ：そういう事例を調査している科学者たちも接触してきたと思いますが。
ＪＢ：はい、正直に言って、かれらになにがわかると言うんでしょうか？
ＲＬ：あなたにかかってきた電話について、話していただけますか？
ＪＢ：はい。今日のお昼時に一人の科学者が訪ねてきているとき、電話があり、先日の日曜に見たことについて口外しないように、それから政府の役人が訪ねていくと言われました。私が電話を切ると、ここにいた科学者はすぐに出ていって、ロンドンに電話をかけました。けれども連絡したい相手がつかまらず、今度はコーシャムにいるらしい誰かに電話をしました。すると三十分もしないうちに、またさっきの男性から電話がかかってきました。男性は、事件について一切口外するなと警告し、私はこう答えました。「ここはロシアじゃなくてイギリスよ。私には話したいことを話す権利があるし、真実だけを話すつもりです」

ＲＬ：電話の相手は、なぜ口外してはいけないのか、理由を言いましたか？
ＪＢ：いいえ。ただ口を閉じていろと言うだけでした。
ＲＬ：話したらどうなるか、言っていましたか？
ＪＢ：危害が及ぶとか言っていましたが、それ以上言わせずに、私が受話器を置いてしまいました。
ＲＬ：ほかに政府の調査員は来ましたか？
ＪＢ：いいえ。人が何人か訪ねてきましたが、私の知るかぎり政府の職員はいませんでした。身分を偽っていないかぎりは。
ＲＬ：あなたが見たものは宇宙船ではないと説き伏せようとする人もいたと思いますが。
ＪＢ：ええ、その通りです。腹が立ちました。だってわざわざあら探しをしにきて、ただの空想だとか、牛乳の配達人だったんじゃないか、とか言うんですもの。ばかばかしいわ。あれがもし牛乳配達だったら、もっとも息子を迎えに行く途中の道に酪農場はないけれど、誰かわかるはずだわ。この地域の配達人はみんな顔を知っているもの。でもそれを言った同じ人が、水曜日にも訪ねてきて、こう言ったの。「ミセス・ボウルズ、あなたの言葉を一言一句信じますよ。私が質問すると、あなたはためらわずに、まっすぐ目を見て答えてくれましたから」
ＲＬ：それでもまだ、牛乳の配達員だと言うのですか？
ＪＢ：私を信用していないとは、口に出しては言いませんでした。今日来たときは、べつの言い方をしていたわ。「誰かほかの人だったかもしれないし、牛乳配達だったかもしれませんよ」って。私はこう言ったわ。「あなたたちにはむかつくわ。ご大層な大学へ行って、本を山ほど読んだんでしょうけど、自分では一度も体験したことがないくせに」

RL：その人がどこから来たかわかりますか？
JB：よくわかりませんが、ロンドンから来たと思います。
RL：あなたに電話があったとき、気にしている様子でしたか？
JB：ええ、ひどく気にしていました。
RL：それは牛乳配達に違いないと言ったあとでしたか？
JB：牛乳配達と言ったときか、丘の上に新しくできたラウンドアバウトの大きな信号の明かりじゃないかと言ったときだったか。それで私はこう言ったんです。「ねえ、ミスター・ウッド、ばかげたことを言うのはやめてください。私は自分が見たものをわかっています。ほかのもののはずがないんです。あなた自身は一度も見たことがないんですから、いちいち反論しないでもらいたいわ」
RL：そういう人々はあなたをいらいらさせるだろうと、誰かが言いませんでしたか？
JB：はい、電話で話した男性がそう言いました。
RL：さっき話していた人ですか？
JB：ええ。
RL：その人はあなたを脅かしましたか？
JB：はい、正直に言うと、最初はぼそぼそ話すので怖かったです。誰にも口外してはならないと私に思いこませました。
RL：危害が及ぶから？
JB：ええ。
RL：率直にお話しくださってありがとうございます、ミセス・ボウルズ。
JB：事実ですから。本当のことしか話せません。

RL：あなたの車の車種は？
JB：ミニ・クラブバン・エステートです。今年の七月に買いました。
RL：買ってから、なにかトラブルはありましたか？
JB：いいえ、一度も。
RL：だが事件のときは、まったく動かなくなったんですね？
JB：ええ、まったく。でもひとつだけ小さなことですが、言わせてください。あの日曜の事件以来、チョーク［訳注　エンジンの空気吸い込み調節装置］をほとんど使わなくてよくなったんです。
RL：つまり車のコンディションが以前よりずっとよくなったということですか？
JB：ええ、その通りです。
RL：それで、その車が持ちあがったと？
JB：はい、そうです。四輪すべてが地面から浮きました。ミスター・プラットがハンドルを握って、サイドブレーキを引いて車を下ろそうとしましたが、どうにもできませんでした。なにかに支配されていたんです。
RL：それからすぐ、着地したんですね？
JB：どしんと穏やかな衝撃があって着地しました。そのとき宇宙船が、私はあれは宇宙船だと思うのですが、現れたんです。最初に気づいたのは、下部から蒸気のようなものが出ていることでした。私たちから五メートルほど離れていました。でも違っているかも知れません。ミスター・プラットのほうが正確だと思います。もうひとつ、言いたいことがあります。誰かが変装していたんじゃないかって、よく言われるのですが、それには同意できません。ミスター・プラットは狭心症を患っているのですが、彼はとても落ち着いていたんです。

RL：まったく恐怖を示さなかったんですね？

JB：恐怖を示しませんでした。ミスター・プラットはそれがなんであれ、彼に力を与えてくれていると感じていました。私のために。私は死ぬほど怯えていましたから。

RL：宇宙船の大きさはわからないということでしたが、五、六メートルの距離からでも全体が見えたわけですね？

JB：もっと離れていたかもしれません。ほら、輝いていたので。あなたの関心を引きそうなことがひとつあります。その日は明るい月夜でした。その人物がかがんで車内をのぞきこんだとき、空気入れでふくらませたように見えたんです。風の強い日に自転車を漕いでいるときのように、服がふくらんでいました。宇宙船から風が出ていたのかもしれません、見たままをお話しすることしかできませんが。

RL：ええ。この体験のあとで発疹が出たそうですね？

JB：はい、右側に。その男性が車の窓の外に来てのぞきこんだ側です。月曜の夜には顔から首や肩まで、右側だけ発疹が広がっていました。水曜には治まりましたが、右の肩はまるで熱く焼けたビンを押しつけられて、火傷させられたみたいな感じです。まだ熱い感じですが、今日は少しましになりました。

RL：それでもまだ熱い？

JB：ええ。神経性のものかもしれないと思ったのですが、神経は火傷しませんし。

RL：そうですね。それでも道路の明かりには思えませんよね？

JB：ええ、違います。それに牛乳配達でもありません。そんなことを言う人は、ごつんと殴ってやりたいわ！

RL：同感です！

テッド・プラット：私たちはミセス・ボウルズの家を九時十分前ぐらいに出て、チルコム・ファームに彼女の息子のスティーブンを迎えに行きました。バイパスを走っているとき、空にとてもまぶしい赤みがかったオレンジ色の光が見えました。その光はかなり低くまで降りてきて、一瞬消えたかと思うと、ふたたび左側に現れ、やがてまた消えました。私たちはそのままウィンチェスター・バイパスを四百メートルほど進み、左折してチルコム・ファームに入りましたが、そこはとても狭い、いわゆる二級道路でした。その道を時速四〇キロぐらいで何メートルか走ったとき、車が突然、おかしくなったのです。地面から浮かびあがり、右側の広い草縁に向かって二メートルほど飛んだのです。車はひどく振動し、高い生け垣に衝突しそうになりました。私は身を乗りだして、ミセス・ボウルズがしがみついているハンドルを両手でつかみ、ハンドブレーキを引こうとしましたが、動きませんでした。

RL：宙に浮かんだんですか？

TP：最初はまだ地面にいました。車は激しく振動し、エンジンがフル回転していました。するとと前に進んで、浮かびあがったのです。全力でハンドルを切ろうとしましたが、どうにもならず、車が自然にまっすぐに向きました。生け垣に沿って十五メートルくらい進んで、まるで透明のバリアーにぶつかったみたいに停止しました。ゴムのクッションの上に落ちたかのような衝撃があり、私たちは着地しました。エンジンがまだ回転していたので私はスイッチを切りましたが、ヘッドライトは白熱光のように灯っていて、前方に濃いオレンジ色に光るものがあり、葉巻形をしていました。あれは宇宙船だと私は言いたい。その物体は車に対して斜めに止まっていました。ほかに表現しようがないのでフロントグラスと呼ぶことにしますが、その部分は横長にカーブしていて、なかに三人の人の姿がありました。内部はまぶしくない程度に明るいレモン色の明かりがついていました。あれは明らかに操縦室だと思います。

RL：内部にはなにか見えましたか、機械とか装置とか？

TP：いいえ、三人の人影のほかはなにも見えませんでした。すると突然、一人が宇宙船の側面から出てきました。ドアが開くのは見ませんでした。スライド・ドアや、フラップ式でもありませんでした。ただいきなり、その人物は銀色のつなぎの服を着て現れたのです。膝から下はよく見えず、両手になにを持っているかもわかりませんでしたが、彼が四歩か五歩で近づいてくるとき、死人のような白い顔をしているのに気づきました。彼はひげを生やしていて、肩まである髪は額からなでつけて、後ろでちょっとカールしていました。彼はミセス・ボウルズが坐っている運転席側へ近づいてきました。そして窓から彼女のほうを見たのですが、もっとも印象的だったのはその目です。瞳だけでなく、眼球全体がピンク色だったのです。

RL：ほかにその人の顔で覚えていることはありますか？

TP：ふつうの顔でした。鼻が少しとがっていて、口や眉は人間とまったく同じです。ふつうの穏やかな顔で、攻撃的な感じはなく、おとなしい印象でした。身長は一八〇センチちょっとで、すらりとした細身でした。

RL：髪は何色でした？

TP：ええと、ブロンドとは言えませんね。宇宙船のまぶしい光と、車のヘッドライトのせいで、よくわかりませんでしたが、明るい茶色だったように思います。

RL：宇宙船についてもう少しくわしく説明できますか？

TP：唯一言えるのは葉巻形だったということで、私が見たかぎりでは、四つの噴出口からガスのようなものが出ていて、地面から五〇センチほどのところに浮いていました。ガスのようなものは、噴きだすとすぐに空気中に消えていきます。

ＲＬ：蒸気のように？

ＴＰ：ええ、どちらかと言うと蒸気のようでした。宇宙船の長さは五メートルぐらい、高さは四メートルぐらいで、幅はわかりませんでした。

ＲＬ：光はどんな色でしたか？

ＴＰ：とても鮮やかなオレンジです。さきほど話したように、その男性は車の窓に近づいてきて、心を見透かすようなとても鋭いピンク色の瞳でミセス・ボウルズを見つめたので、彼女はひどく怯えて、震えながら身を硬くしていました。男性が今度は私の目を見つめると、私はとてもリラックスして落ち着き、怯えているミセス・ボウルズを気遣う余裕ができました。私は彼女のほうを見て、なだめました。「ねえ、ジョイス、車を降りて彼のところへ行ってみるよ」彼女は言いました。「だめよ」私は同じことを三回は言ったと思います。「車を降りて、彼のところへ行く」と。けれど彼女はひどく怯えていました。すると男性は私から視線を外し、今度はダッシュボードを見ました。するとエンジンがかかり、数秒間してまた止まりました。それから男性はいなくなり、ミセス・ボウルズが言いました。「後ろをまわってあたのところへ行くつもりよ」私は肩越しに後ろをふり向きましたが、彼の姿はどこにも見えませんでした。そこで私は少し待ってから言いました。「彼はもういなくなったようだよ」なぜなら宇宙船の鮮やかなオレンジ色の光も消えていたからです。飛んでいく音は聞こえませんでした。しばらく坐っていましたが、やがて私は言いました。「しっかりして、車を出発させなくては」彼女は言いました。「私が運転するわ」私を車の外に出させたくなかったからです。彼女がエンジンをかけると、ふつうにかかり、ギアをローに入れてアクセルを踏みましたが、車はバリアーにぶつかったように前へ進みません。まるで電気かなにかの……

RL：スクリーン？

TP：電気のスクリーンがあるかのように。私たちは立ち往生し、前輪が――前輪駆動のミニ・クラブバンなので――空回りして、エンストしてしまいました。それでしばらく待って、時計を見ていなかったのでどれぐらいの時間かはわかりませんが、私は言いました。「しっかり、もう一度やってみるんだ。がんばって、ジョイス」キーをまわしてエンジンをスタートさせ、ギアを入れると、なにごともなかったように走りだしました。草縁から道路に出て、そのまま進み、彼女の息子のスティーブンを迎えに行き、引き返しました。私はスティーブンに言いました。「スティーブン、今何時だい？」彼は言いました。「九時二分すぎだよ」そこで宇宙船にひきとめられていたのは五分ほどだったと推測できました。

RL：この体験であなた自身がどこか変わったと言っていましたよね？

TP：驚いたことが二つあります。一つめは、例の人物はヘルメットのたぐいをつけていなかったので、地球の空気で呼吸ができたということです。二つめは、私は狭心症を患っているのですが、あの人物はそれがわかったのだろうか、ということです。それで私をじっと見つめて、リラックスさせたのではないかと思うのです。

RL：ふつうなら、そんな体験をすれば症状が悪化していた？

TP：はい。それで自宅療養しているのです。心臓の病気で自宅療養するようになって、もう四ヶ月になります。もし私が実際に恐怖に駆られていたら、悲惨な結末になっていたでしょう。

RL：つまりその人物がなにかのヒーリング・パワーを発していたと？

TP：はい、絶対にそうだと思います。

RL：その体験のあと以来、ずっと精神的にリラックスして、満たされているそうですね？
TP：はい、そうです。
RL：なにかを与えられたような感じですか？
TP：はい。私は車を降りて、あの人物のそばへ行って、手を触れるべきだと感じていました。目を合わせるだけで、こんなにリラックスした気分になるのですから。もし手を触れていたら――私の考えが正しいかどうかはわかりませんが、かれらが人間に危害を加える理由がないと思うのです――もっと効果があったかもしれません。
RL：つまりその人物は助けてくれるためにそこにいたと？
TP：はい。もし私たちに危害を加えたければ、簡単に車をばらばらにできたでしょう。かれらのパワーを持ってすれば、私はそういうパワーがかれらにあるに違いないと思っていますが――われわれのまったく知らない、最先端の科学でも解明できないパワーが――車を壊して、私たちを引きずりだすこともできたはずです。しかし彼の目的はそうではなく、なんの危害も加えないと私たちを安心させることだったのです。
RL：その体験以前は、空飛ぶ円盤の存在を信じていましたか？
TP：信じていました。人間が月へ行けるなら、誰かがこの星へ来ることだってじゅうぶんあり得るでしょう。
RL：でも以前はこの話題にあまり関心はなかったんですよね？
TP：ええ、以前は。でも今は、断然関心を持っています。

この遭遇体験を、牛乳配達と見間違えたなどと説明づけようとする人がいると思うと笑止千万ですが、メディアなどではそのように解説され、大勢がそれを受け入れたのです。どうやら、このとても珍しい牛乳配達トラックに乗って、奇抜なユニフォームを着た、先天性色素欠乏症の牛乳配達人は、前の晩の九時という時刻に朝の配達をするようです。彼はまたヒーリング・パワーと、目で見るだけで車のエンジンを動かす能力を持っていて、職業を間違えたとしか思えません！　こういった説明はあまりにもばかばかしく、とくに若い人たちにはそうでしょうが、ＵＦＯを否定しようとする試みは滑稽さを増すいっぽうです。あるＵＦＯ信奉者がこう言っていました。一九八〇年代のそういうばかげた解説のおかげで、ＵＦＯの存在に対する確信が強まった、と。なにか本当に重要な理由がないかぎり、そんなにやっきになって否定するわけがない、と彼は言います。

心の開かれた人々にとっては、ジョイスとテッドの体験は、多くの答えと同時に疑問も提起します。なぜそんなテクノロジーを操れる宇宙人が、よりによって人気のないイギリスの田舎道で二人の地球人だけに姿を見せたのか？　明らかにかれらは善良な存在のようです。テッドはこの体験以来、体調がよく、狭心症も改善し、車の調子も抜群になりました。でもどうしてごくふつうのこの二人だけに、嘲笑や口封じの圧力にさからってほかの人々を説得する役目を任せるのでしょうか。私がジョイスを訪ねたとき、ジョイスが言うにはすでにリチャード・ローレンスだと名乗る人物が訪ねてきて、私が共感的だということを知っていた彼女は、その人物を信頼して家のなかへ入れてしまったそうです。

## 宇宙人は何をしたか

なぜＵＦＯは堂々と着陸して、みんなの前に姿を現さないのでしょう？　なぜ、あちらこちらで選んだごく数人だけに姿を見せるのでしょうか？　もしも宇宙人が凶悪なら、人間たちにどんな影響を及ぼそうと気にかけないでしょう。恐怖もパニックも集団ヒステリーも、冷酷な侵略者には痛くもかゆくもありません。こちらの反応などおかまいなしに攻めてくるはずです。でも実際は、明らかに敵意はなく、われわれの反応を考慮しているのです。政治的策略や権力の駆け引きや抗争の渦巻くこの世界で、ＵＦＯが大勢の前に現れたらどんな反応が起こるでしょうか？　われわれの政治指導者たちが、あらゆる点において明らかに進んだ種族に敬意を持ってしたがう、あるいは経済界の支配者たちが世界中にのばした触手をよろこんで手放すなどと、無邪気に信じてはいけません。

それにもし、地球外からの訪問者たちのメッセージが、地球人の聞きたくないことだったらどうでしょう？　かれらの考えが好きになれなかったら？　私たちの娯楽のいくつかに感心せず、縮小すべきだと感じていたら？　芸能界で一番人気のセレブリティは誰かとか、今年のベスト・ドレッサー賞は誰かとかいうことより、もっと大事なことを心配してほしいと考えていたら？　もしそうであれば、私たちはより進んだ存在たちのアドバイスにしたがって、喜んで行動を正すでしょうか？

かれらのような知的存在は、そういうすべてのことをわかっているに違いありません。そしてそのことも計画に含め、行動を進めているのです。宇宙人について考えるときは、われわれの考えでかれらがどうするかではなく、かれらが実際になにをしたかについて考えるべきです。堂々と着陸して世界中の人々に姿を見せればいいのにと私たちは考えますが、私たちはかれらではなく、精神構造も習慣もわれわれとは違う異星人なのです。私たちは、何世紀も昔からかれらがしてきたことを観察することしかできません。現存するもっとも初期の書物にも出てくるように、かれらはずっと昔から私たちとかかわってきたのですから。

第五章

# 古代の記録や宗教に登場する宇宙人

宗教が蔑視される以前は、空の住人たちが英雄たちの
完全無欠の家をよく訪れていた。

カトゥルス

## コロンブスの見た光

一ヵ月以上も海を彷徨いつづけていたクリストファー・コロンブスの小さな艦隊では、暴動が起こる寸前の状態でした。航海の目的は、コロンブスが東アジアがあると信じている地域に陸地を発見することでしたが、どこにもそんなものは見つかりません。一八二八年初版のワシントン・アーヴィング著『The Life and Voyages of Christopher Columbus（クリストファー・コロンブスの生涯と航海）』にその内幕が描かれています。

一行は前人未踏の海を旅していた。死ぬまで航海をつづけるか、もろい船が壊れ、全員引き返さざるを得なくなるまで。乗組員がわが身の安全と帰還を相談し合ったとしても、無理はなかった。艦隊を率いているのは、仲間も影響力も持たない外国人だ。彼の計画は、学者たちから空想にすぎないとみなされ、あらゆる階級の人々から非難された。それゆえ、彼に味方する者は一人としてなく、むしろ失敗を喜ぶ者ばかりであった。

そういう事情もあって、乗組員たちは反乱を企んでいた。艦長が望遠鏡で空の星を眺めてしるしを探しているすきに、海へ突き落としてやろうと提案する者までいた。

コロンブスはそういう陰謀に気づいていたが、平静な顔を装い、ある者には優しい言葉をかけ、またある者にはプライドや金銭欲をあおり、手に負えない者には罰を与えると脅したりした。つかのま、新たな希望が一同の気を転じた。九月二十五日、船尾にいたマーティン・アロンゾ・ピンゾンが大声で叫んだのだ。「陸だ！　陸だ！　艦長、褒美をもらえますか？」

実際、南西の方角に陸地らしきものが見え、コロンブスは膝をついて神に感謝し、乗組員らは〈栄光の賛歌〉を合唱した。艦隊は進路を変更し、夜を徹して南西へ向かったが、朝になってみると希望は幻と化した。憧れの陸と見えたものは雲にすぎず、夜のあいだに消えてしまっていたのだ。

一四九二年十月十一日、歴史が作られようとしていました。陸地の兆候はあるものの、コロンブスは確信にはいたりませんでした。そんなとき空に光が現れます。ワシントン・アーヴィングは以下のように物語をつづけています。

乗組員らはいまや公然と反抗し、コロンブスは絶体絶命の状況だったが、翌日、疑いようもない陸地の証拠が見つかった。岩場に生息する緑色の魚が船のまわりを泳ぎ、山査子の実のついた枝が流れてきたのだ。さらに、葦や小さな木ぎれなど、人の手で削った物も流れてきた。不満の声はやみ、誰もが一日中、念願の陸地を求めて目をこらしていた。

日が暮れ、乗組員らがいつものように聖母マリアへの賛美歌を歌いだすと、コロンブスは皆に向かい、穏やかな海の上を優しい風で約束の地へ導いてくださった神の温情に感謝しようと告げた。その晩のうちに陸に着けることを確信したコロンブスは、船首楼からの寝ずの番を言い渡し、陸を発見した者には金貨で支払われる報酬に加え、ベルベットの上着も与えると約束した。

風は一日中吹きつづけ、航海はいつにもましてはかどった。日没時、ピンタ号は西へ向かって見事な帆で先頭を切って勢いよく進んでいた。艦隊は活気に沸きあがり、眠る者は一人としてなかった。暗くなり、コロンブスは船首楼か、あるいは船尾にじっと立っていた。一日中、明るく自信に満ちた態度を装っていたが、内心は不安でたまらず、夜の暗闇に包まれて

**まわりから見えなくなると、ぼんやりとでも陸地のきざしが見えないかと暗い地平線に必死で目をこらした。すると突然、十時頃、遠くに瞬く光を見たような気がした。願望のあまり幻を見たのだろうかと怖れつつ、王の側近のペドロ・グティエレスを呼び、その方角に光が見えるかと尋ねた。グティエレスは確かに見えると請けあった。幻ではないかと疑いながら、コロンブスはさらにゼゴビアのロドリゴ・サンチェスを呼び、同じことを尋ねた。サンチェスが船室へ上がって来る頃には、光は消えてしまっていた。その後、一、二度、瞬く光が見えた……**

十月十二日、陸地がついに見えました。バハマ諸島のサンサルバドル島です。一行は〝新世界〟を発見したのです。〝瞬く光〟は島の土着民のたいまつの火だろうと説明づけられました。おなじみのいわゆる解説のとおりなのでしょうか？　それともはるかに重要なサインだったのでしょうか？　歴史上、最も重要な航海を勇気づけるために、地球外生命体の宇宙船が最後の励ましのサインを送ってくれたのではないでしょうか？

そのような疑問は五百年たっても残っており、一九七九年一月十八日、上院で歴史的な討論会が開かれ、当時は公に認められていなかったファイルの存在とUFOについて議論されました。UFO現象を固く信じていたキンバリー伯爵のスピーチ・ライターをしていた私は、エセリアス・ソサエティのヨーロッパ本部の事務局長をしていたレイ・ニールセンとともに、光栄にも出席させてもらえました。そして会議場を見おろす傍聴席で、議論の末にそれらのファイルが存在することを国が認めることとなったきわめて重要な議会を見ていました。

その日の上院議会の発言のなかには、英国国会議事録に記されているように、その現象の科学的調査を求めるノリッジ主教の意見もありました。「かつては、今日信じられているような知識の範囲外の事柄を教会の指導者たちが敬遠する傾向があったが、私はそのような調査をつづけることを希望する」と主教は述べ、新約聖書の聖パウロ書簡よりコロサイ人への手紙を引用して言葉をつづけました。

「キリストは地球の存在であるだけでなく、宇宙の、そして銀河の存在であることを私は信じる。われわれの心と目がはるかかなたへ啓かれるのはよいことだ。なぜなら宇宙のどこまで行こうと、神の手のひらから出ることはないのだから。それゆえ、創造の果てに思いを馳せることは、神の尊厳を理解する上で助けとなるだろう」

主教の言葉は、同じ上院議員のトレフガーン卿の発言にさえぎられました。「彼は本当に、ほかの宇宙にほかの種族が存在することを教会の最高権威に認めさせようとしているのでしょうか？　しばしば言われるＵＦＯやその乗組員の存在は、キリスト教の信仰とは本当に矛盾しないのでしょうか？」主教はトレフガーン卿の問いに次のように答えました。「それはわからないとしか言えません。神はほかの世界に対してほかの計画がおありなのでしょう。しかしこの世界に対する神の計画はイエス・キリストであると私は信じます。それが私に言える答えです」この世界の唯一の宗教がキリスト教であると断言したことはべつとして、主教の発言はＵＦＯ現象や地球外生命体の存在が宗教と矛盾しないことを明らかにしてくれました。実際、空やわれわれのなかにずっと昔からかれらが存在していたことが記されている古い文献は、世界各地の宗教書なのです。

ローマのすぐ南に位置する十六世紀の修道院、カステル・ガンドルフォにはヴァチカン天文観測所があり、四台の天体望遠鏡がコペルニクスやガリレオ、ニュートン、ケプラーらの研究を引き継いでいます。ヴァチカンの隕石博物館も同じ場所にあります。ヴァチカンにはＵＦＯに関する世界有数の蔵書があると信じる研究者もいます。二〇〇八年に死去したコラード・バルドゥッツィ示教は、カトリック神学者で、教皇の右腕とみなされていた人物です。彼は生命体が住む惑星が存在する可能性を公然と主張していました。一九八七年のテレビ・インタビューで彼は、ＵＦＯを操ることのできるわれわれより実体の薄い存在がいるのではないかと推論を述べました。二〇〇六年にヴァチカン天文観測所の所長となり、ベネディクト教皇の科学顧問も務めている、アルゼンチン人のイエズス会司祭であり天文学者でもあるホセ・ガブリエル・フューンズも、同じような見解を示しています。彼は教会の教えと、地球外の知的生命体という考えはまったく矛盾しないと述べ、宇宙人の存在を否定することは神の創造性を制限することだという興味深い指摘をしました。

もしキリスト教から教会組織を取り去ってしまい、核心となる教えだけにしたら、貴い普遍の道徳律のみが残るでしょう。すべての人を愛し、ゆるし、親切にし、奉仕しなさい。世界のほかの偉大な宗教においても、同じ道徳律を見いだすことは難しくありません。すべての宗教において問題なのは、これらの教えが織り込まれている人間の作った観念という生地のほうなのです。なかでも最たるものは、伝統的な教会の三位一体の概念です。これは西暦四世紀に聖アウグスティヌスにより、明らかに善意で、初期のキリスト教会において何百年も流布してきた解釈の違いをなくそうとして、明言されたものです。けれども、地獄への道は善意によって敷かれる、ということわざもあります。

キリスト教信仰の初期には、イエスを偉大な預言者だと信じる者もあり、神の化身だと信じる者もいました。ほとんどの人々はその両極のどこかにおさまっていました。聖アウグスティヌスらは——なかには初期の公会議で政治的権力を握ろうと考える動機の疑わしい者もいますが——さまざまに異なる三位一体の概念を統一したのです。この教義は一律にすべての教会に受け入れられ、神は人の姿でこの世に現れ、三三歳で人間の罪をあがなうために亡くなられたという絶対普遍の教理ができあがりました。彼は人類史上たった一度だけこれを行い、生きる場所として世界のなかで中東を選び、ごく少数の人々に教えを授けて、もと来た場所へ帰っていきます。あなたはこれを聞いてもべつだん奇妙には感じないかもしれません。実際、そのように信じろと教えられてきたのでしょうから。しかし世界的な視点で考えれば、まるで突拍子もない説明と言えるのではないでしょうか。

もうひとつの考え得る説明はこうです。マスター・イエスは金星（黙示録第二十二章十六節に〝輝く明けの明星〟と記されています）のきわめて高次元の存在であり、宇宙船に乗ってわれわれ人間と暮らすために地球へ来られた。彼の主たる目的は人類に代わってカルマを背負うために死ぬことだった。彼はユダに裏切られたのではなく、そのようにして死ぬべく予定していたのであり、その後、とりわけ東方においては誰も成し遂げたことのない、死よりの復活を果たした。彼はまた、最も深遠でスピリチュアルな教えを地球にもたらしたが、その教えは宗教指導者や翻訳者の手によってさまざまに修正された。

二番目の説明を無理に信じろとは言いませんが、私はこちらが真実だと思っています。どちらを受け入れるにせよ、よく調べてじっくり考えてみる必要があるでしょう。けれども二つの説明のうちでは、後者のほうがより公平な見方であると私は思います。そう思えないのは、たんに聞き慣れない考えだからではないでしょうか。私たちはイエスが唯一の神の子であるという考えに慣れています。何百年間も世界中に浸透してきた考えだから、奇妙に感じないのです。しかしイエスや教会の教理についてまったく知らない人が、前述の二つの説明を提示されたら、前者のほうが受け入れがたいと思います。

## 偉人とUFOの関連

私は、UFOと地球外生命体の存在こそが宗教におけるミッシング・リンクだと考えています。神に至る道はひとつではなく、神と一体化するという同じ目的を達成するために、人類史上のさまざまな時代にさまざまな方法で、道が示されてきたのです。それらの教えの多くは、一人ならず多くの別世界の存在によって、そしてそれらの存在とコンタクトできる人々によって、地球にもたらされたのだと私は考えます。したがって、私たちの世界の宗教の伝統と、その拠り所である古代の聖典は、われらが宇宙からの訪問者たちの真実がたっぷりと埋蔵された豊かな鉱脈と言えます。

これらの宇宙からの高次元の旅行者たちの動機はテクノロジーではなく、神の法則との協調であり、そのことは歴史を通じてさまざまに表現されてきました。私たちは仏教徒であればクリスチャンにはなれないし、ヒンドゥー教徒はユダヤ教徒にはなれないと思いこんでいます。ところが、仏教とキリスト教の聖典にはきわめて類似した記述が見られ、古代サンスクリット語のマントラは、翻訳すると旧約聖書の神の名前〝全能神ヤハウェ《アイ・アム・ザット・アイ・アム》〟に酷似しています。これらの宗教の道を作った人々は同じ地球外生命体に導かれ、同じ宇宙の計画のなかで自分の役割を果たしていたのです。

ＵＦＯに関する記録や伝説は何千年も昔からありました。なかでも最も古いのは聖典です。それらの多くは何世紀も語り継がれてきたのちに文字として書き記され、世界の宗教的教えはピントのずれた望遠鏡をのぞいているようなものです。ＵＦＯと宇宙の存在が視野に入ったとたん、ピントが合って、その本当の意味がはっきりと見えてきます。ＵＦＯのせいで創造の神への感謝が薄れるどころか、いっそう深まります。かれらが隙間を埋めてくれるのです。宗教の教えから宇宙的概念をはずしてしまうと、数多くの答えのでない疑問が残されます。たとえば、ケンタウルス座のアルファ星系のなかで、イエスだけがただ一人の神の息子なのだろうか？　宇宙人は天の川を通って涅槃にたどり着くのか？　モーセの十戒はほかの惑星の種族にも伝えられたのか？　遅かれ早かれ、教皇やダライ・ラマやユダヤ教のラビ長は、かれらの信仰に宇宙存在がいかに影響を及ぼしたかについて、見解を述べなければならなくなるでしょう。永遠に無視することはできないのです。

三大宗教の聖典には、歴史上の偉大な人物と関連するＵＦＯの記述がぎっしりつまっています。モーセ、ラーマ［訳注　『ラーマーヤナ』の主人公で、コーサラ国の王子。ヴィシュヌ神の化身］、イエス。

百年以上前にロイ・プラタップ・チャンドラの翻訳したヒンドゥー教の聖典『マハーバーラタ』を

たとえに挙げてみましょう。

**天と地にすさまじき音をとどろかせ、インドラ〔訳注　雨と雷の神〕は乗り物（ビマーナ）に乗ってユディシュティラのもとへ来ると、それに乗るようにと告げた。兄弟たちが地へ落ちていくのを見ていたユディシュティラ王は、千の目を持つ神にこう答えた。「兄弟たちはみなここから落ちてしまいました。かれらも一緒に連れていかなければ。すべての天界人の主よ、兄弟たちも一緒でなければ、私は天上界へは参りません。守ってやるべきかよわきドラウパディー姫も、一緒に連れていかせてください。どうかお願いします」**

**インドラは答えた。「天上界にそなたの兄弟たちはいるだろう。そなたより先に着いているのだ。すべての人々がそこにクリシュナとともにいる。バーラタの王よ、嘆くな。かれらはみな肉体を捨ててそこへ行ったのだ。そなただけは、その体のまま天上界へ行けるよう定められている」**

**そしてダルマ、インドラ、その他の神々はユディシュティラを乗り物に乗せ、天上界へ向かった。成功の冠を戴き、意のままにどこへでも行ける神々は、おのおのの乗り物に乗っていた。ユディシュティラ王も自分の乗り物に乗り、みずから放つ光で空を赤々と燃えさせて、天へ昇っていった。**

本書のなかでＵＦＯ研究家にとってキーワードとなるサンスクリッド語は〝ビマーナ〟です。インターネットでは、はるか昔から宇宙人が空からやってきていたという証拠だとしてビマーナに関する記述があふれています。空飛ぶ乗り物、空飛ぶ馬車、空に浮かぶ車などと翻訳されているビマーナという言葉は、ＵＦＯや空飛ぶ円盤よりよほどふさわしい表現です。前述の引用では、訳者のチャンドラは〝car〟という言葉を使っていますが、翻訳した年代を考えれば妥当ではないでしょうか。ビマーナが空を飛ぶ物体であり、きわめて美しく、スピードや性能においても卓越していることが、これらの文献でわかります。ビマーナは姿を消すことができるとも記されています。いっぽうUFOが消えたり現れたりするのを、何千人という目撃者が見ています。ラーマのような神々や高次元の存在は、このビマーナで旅をし、ほかの悟った存在や賢者に会いにいきます。たとえば引用のなかでは、天上界に聖クリシュナがおられるとありました。これは文字どおり、最も深遠な古代の教えのひとつである『バガヴァッド・ギーター』をもたらした聖クリシュナ自身が、地球外生命体だったことを暗示しています。クリシュナのこの世のものならぬ英知や才能を、これほど明快に説明するものはないでしょう。

古代のヒンドゥー教の聖典はいかようにも論議できます。ある学者によれば、聖典のいくつかは少なくとも五千年以上も昔のもので、それより昔のものもあるそうです。それらの聖典は文字にしなくても長い経典の内容を暗記できる人々により何世代も口承されてきたからです。この観点から、それらの聖典は一万年、あるいは十万年前の出来事を記していると考える学者もいるのです。

前述の『マハーバーラタ』の引用では、ユディシュティラ王が神と会話をしています。聖書でも、たとえばモーセなどがよくそうしています。神は〝すべての天界人の主〟と表現されていますが、それは神が宇宙的な存在であることを示しています。別世界の高次元のスピリチュアルな存在を表すのに使われる宇宙のマスターという言葉に相当します。〝天界にいる兄弟たち〟という表現も、かれらが別世界の存在であることを示しています。さらに聖典の内容はより神秘的になり、神智学や薔薇十字団の思想に似通ってきます。王の兄弟たちは肉体を捨てて天上界へ行ったというのは、肉体から魂が抜けだす幽体離脱の現象を示しています。後の章で詳しく述べますが、偉大な導師《グル》や神秘主義者は、アストラル体（幽体）で空間を移動し、別世界へも行けると言われています。ところがユディシュティラ王は神々に助けられて、肉体を持ったままビマーナに乗って旅をしたとあります。神々は意のままにどこへでも行けるとあり、サンスクリット語の聖典にはそのことがビマーナと関連して繰り返し述べられています。宇宙船を操るには精神のコントロールが不可欠であることがうかがえます。

書かれている内容をあまりに文字どおり受けとめることは危険ですし、ヒンドゥー教の聖典や聖書が完璧に正確であるとは思えません。それでも、それらの聖典は古代のきわめて重要な出来事をもっともよく語る文献であり、けっしておろそかにはできません。すでにお気づきのことと思いますが、UFOとスピリチュアルな関係について、それらの聖典では繰り返し述べられているのです。聖書の随所にも宇宙現象についての記述が見つかります。何千年も語り継がれてきた物語にはUFOの証拠が豊富につまっています。雲、あるいはまばゆく光る動く物体など表現はさまざまで、赤々と燃えているとも記されています。たとえばエゼキエル書第一章第四節（すべての引用は欽定約聖書より）にはこうあります。

**わたしが見ていると、見よ、激しい風と大いなる雲が北から来て、その周囲に輝きがあり、絶えず火を吹きだしていた。その火のなかに青銅のように輝くものがあった。**

第十六節ではUFOの描写はより克明になります。

**もろもろの輪の形と作りは、光る貴かんらん石のようである。四つのものは同じ形で、その作りは、あたかも、輪の中に輪があるようである。**

列王紀下の第二章十一節には、予言者エリヤが空へ旅立つ様子が書かれています。エリヤは後継者のエリシャと話しています。

**彼らが進みながら語っていた時、火の車と火の馬があらわれて、二人を隔てた。そしてエリヤはつむじ風に乗って天にのぼった。**

モーセがエジプトから民を連れだす助けをした存在についても、さまざまな推論がなされています。宇宙船がエジプト脱出に手を貸したという説もあり、聖書では雲の柱があらわれて民を守り、安全で肥沃なイスラエルの地に導いたと書かれています。出エジプト記第十三章第二十一節にこうあります。

**主は彼らの前に行かれ、昼は雲の柱をもって彼らを導き、夜は火の柱をもって彼らを照らし、昼も夜も彼らを進み行かせられた。**

第十四章第十九節から二十節では、直接介入して、エジプト人にイスラエルの民が襲われるのを防いだことがうかがえます。

**このとき、イスラエルの部隊の前に行く神の使いは移って彼らのうしろに行った。雲の柱も彼らの前から移ってかれらのうしろに立ち、エジプトびとの部隊とイスラエルびとの部隊との間にきたので、そこに雲と闇があり夜もすがら、かれとこれと近づくことなく、夜がすぎた。**

十戒を授けたのもUFOでやってきた別世界の存在ではないかと推測できます。出エジプト記第三十四章第一節から第五節にはこうあります。

**主はモーセに言われた、「あなたは前のような石の板二枚を、切って造りなさい。わたしはあなたが砕いた初めの板にあった言葉を、その板に書くであろう。あなたは朝までに備えをし、朝のうちにシナイ山に登って、山の頂でわたしの前に立ちなさい。だれもあなたと共に登ってはならない。また、だれも山の中にいてはならない。また山の前で羊や牛を飼っていてはならない。そこでモーセは前のような石の板二枚を、切って造り、朝早く起きて、主が彼に命じられたようにシナイ山に登った。彼はその手に石の板二枚をとった。ときに主は雲の中にあって下り、彼と共にそこに立って主の名を宣べられた。**

シナイ山で主によってモーセに十戒が授けられたのち、これらの出来事が起こります。モーセは十戒を刻んでもらうべく石の板二枚を持って山に戻り、主は雲に乗って下り、さらに教えを与えます。私たちの歴史の重大なときに宇宙の存在が現れて、大事な導きと教えを与えてくれたのだと私は考えます。結果的に十戒は西洋社会の倫理観の根本原理となったのですから。もっともちゃんと実行されているかどうかは議論の余地がありますが！

旧約聖書や新約聖書に何度も現れるこの雲らしくない動きをする雲はいったいなんなのでしょうか。おそらく未確認の、あるいは既知の空飛ぶ物体と表現したほうがより正確かもしれません。たとえば次に挙げる文面を見てみましょう。契約の箱を入れた幕屋を約束の地へ運んでいく場面ですが、雲が人々を導き、いつ休みいつ移動するかを指示しています。細かい描写は、まるでスティーブン・スピルバーグ監督の映画で、インディ・ジョーンズが第三種接近遭遇をする場面を彷彿とさせます。

これは民数記第九章第十七節から二十三節です。

雲が幕屋を離れてのぼる時は、イスラエルの人々は、ただちに道に進んだ。また雲がとどまる所に、イスラエルの人々は宿営した。すなわち、イスラエルの人々は、主の命によって道に進み、主の命によって宿営し、幕屋の上に雲がとどまっている間は、宿営していた。幕屋の上に日久しく雲のとどまる時は、イスラエルの人々は主の言いつけを守って、道に進まなかった。また幕屋の上に、雲のとどまる日の少ない時もあったが、彼らはただ主の命にしたがって宿営し、主の命にしたがって道に進んだ。また雲は夕から朝まで、とどまることもあったが、朝になって雲がのぼる時は、彼らは道に進んだ。また昼でも夜でも、雲がのぼる時は、彼らは道に進んだ。ふつかでも、一か月でも、あるいはそれ以上でも、幕屋の上に、雲がとどまっている間は、イスラエルの人々は宿営していて、道に進まなかったが、それがのぼると道に進んだ。すなわち、彼らは主の命にしたがって宿営し、主の命にしたがって道に進み、モーセによって、主が命じられたとおりに、主の言いつけを守った。

これらはイスラエルの民がエジプトを脱して約束の地をめざすあいだに、非凡な特徴を持つ雲について書かれた数多くの記述のごく一部です。雲はモーセと民たちが重要な旅を安全に行えるように付き添ったり、導いたりしています。それは宇宙のマスターが、当時の唯一神を信仰する宗教を必要だと認めたからでしょうか？　聖書を記した人々は雲の構造や、まして宇宙旅行など、とうてい理解し得なかったでしょう。かれらはただ見たままを記すしかなかったのです。雲のようにも見える、空飛ぶ白い物体について。

イエスの弟子たちも、復活したイエスから教えを授けられたあとで、雲の形の神の介入を目撃しています。以下に挙げるのは使徒行伝第一章第九節から第一一節です。

**こう言い終わると、イエスは彼らの見ている前で天に上げられ、雲に迎えられて、その姿が見えなくなった。イエスの上って行かれるとき、彼らが天を見つめていると、見よ、白い衣を着たふたりの人が、彼らのそばに立っていて、言った、「ガラリヤの人たちよ、なぜ天を仰いで立っているのか。あなたがたを離れて天に上げられたこのイエスは、天に上って行かれるのをあなたがたが見たのと同じ有様で、またおいでになるであろう」。**

イエスが雲に乗って戻ってくるという預言は、マタイによる福音書第二十四章三十節にもでてきます。

**そのとき、人の子のしるしが天に現れるであろう。またそのとき、地のすべての民族は嘆き、そして力と大いなる栄光とをもって、人の子が天の雲に乗って来るのを、人々は見るであろう。**

イエスと弟子たちと雲に関する興味深い記述は、マルコによる福音書第九章第二節から第八節にも出てきます。

**六日の後、イエスは、ただペテロ、ヤコブ、ヨハネだけを連れて、高い山に登られた。ところが、彼らの目の前でイエスの姿が変わり、その衣は真っ白く輝き、どんな布さらしでも、それほどに白くすることはできないくらいになった。すると、エリヤがモーセと共に彼らに現れて、イエスと語り合っていた。ペテロはイエスにむかって言った、「先生、わたしたち**

**がここにいるのは、すばらしいことです。それで、わたしたちは小屋を三つ建てましょう。一つはあなたのために、一つはモーセのために、一つはエリヤのために」。そう言ったのは、みんなの者が非常に恐れていたので、ペテロは何を言ってよいか、わからなかったからである。すると、雲がわき起こって彼らをおおった。そして、雲の中から声があがった、「これはわたしの愛する子である。これに聞け」。彼らは急いで見まわしたが、もはやだれも見えず、ただイエスだけが、自分たちと一緒におられた。**

イエスとエリヤとモーセがともに語り合っている場面は、かれらが別世界の存在であることを示唆しています。雲の中から声がする場面は、ダン・フライ（二章を参照のこと）が説明した音響システムを思いださせますが、こちらはもっと高尚な内容です。

しかしもっとも明白な記述は、ヨハネによる福音書第十七章第十六節で、イエスが弟子たちに言う場面です。

**わたしが世のものでないように、彼らも世のものではありません。**

## 世界各地への訪問者

中東のメソポタミア地域には聖書の時代よりもっと前に、宇宙から訪問者が来ていたという記録があります。シュメール列王紀と呼ばれるものがあり、古代シュメール語で書かれた写本で、シュメールからほかの王朝へ代わるまでの歴代の王の名と、治めた地域と在位期間が記されています。

意義深いことに、シュメール人は王の位が神から授けられたもので、ほかの都市の王と配置転換してもよいと考えていました。先史時代はきわめて長い統治期間でしたが、時代が進むにつれてより通常の長さになってきます。先王朝時代の王たちは作り話だと考える歴史家もいますが、のちの正式な王たちと同じように、かれらも存在する記録に正統であることが記されています。ちなみに、そのうちの一人は女王です。

文字どおりに見れば、シュメール列王紀は十万年前にまでさかのぼり、初期の在位期間は一万年単位で、王たちは神、あるいは神人、あるいは不死の存在とみなされています。シュメールの銘板や円筒印章も、列王紀の内容を裏づけています。初期の神々はアヌンナキと呼ばれ、空から地に降り立ったとされています。ある資料によれば、かれらはニビルという惑星から来たと信じられているそうです。ニビル星の一年は地球の三千年に相当します。これは神秘主義的な観点からも、非常に興味深い概念です。シュメール人はまた、アヌンナキがこの地球に新しい技術と偉大な英知をもたらしたと考えていました。これらのことを、歴史的根拠がないとして、ただの神話だと片づけてしまう研究者もいます。

アッシリア人とバビロニア人は、かれらの主神であるマルドゥクがほかの惑星から来たと信じていました。バビロニアの創造神話によると、マルドゥクはアヌンナキを天と地のさまざまな任地に遣わした、とあります。中東の古代の伝説では、偉大な存在がほかの惑星からこの世界へやってきたと信じられていたと解釈できます。

極東では、UFOや宇宙人が来ていた証拠は、シュメール文明よりさらに昔から存在します。中国の湖南省のある島には、宇宙人が乗っているらしき円筒形の宇宙船のようなものが彫られた岩があります。これは四万七千年前のもので、ネアンデルタール人の時代です。

もうひとつの興味深い発見物は、チベット辺境の山岳地で見つかりました。一九三八年、考古学者のチームが象形文字の刻まれた石の円盤を見つけました。北京の専門家が二十年がかりで解読を試み、ついにツム・ウム・ナイ教授が暗号を解きました。その数年後、一九六五年に、チン・プー・ティ教授と四人の同僚が〈一万二千年前に地球に着いた石版に記録された宇宙船に関する象形文字〉と題して、象形文字の意味を発表する許可を得ました。七百枚以上もの石の円盤が見つかっており、バヤン・カラ・ウラ山脈に別世界の存在が宇宙探査に来ていたようです。学者らによれば、宇宙人の平和な意図はその地域に暮らしていた敵対的なハム語族に誤解されてしまったそうです。象形文字は、宇宙船で旅する存在について説明するもので、宇宙船のうちの一機は、ロズウェル事件の先史時代版のように墜落したと書かれており、宇宙人たちは大きな頭とひ弱な体をしていたとあります。謎はそれだけでは終わりません。石の円盤のいくつかはモスクワへ送られ、ロシアの学者たちによって化学的な分析調査が行われました。石版からはコバルトやその他の金属が多量に検出され、ターンテーブルに載せると、電気が通っているみたいに奇妙なリズムで振動するということでした。ワトチェスラブ・サイゼフ博士は、その驚くべき結果を雑誌『スプートニク』に発表しました。ある科学者は、円盤はかつてはなにかの電気回路の一部で、きわめて高い電圧にさらされていたのではないかと推測しました。この事実からも、石版は別世界のテクノロジーで作られたものではないでしょうか?

西アフリカのマリにあるバンディアガラ断崖の切り立った岩山に暮らすドゴン族の人々も、宇宙人から知恵を授かったと信じています。それらの存在は三千年ほど前にシリウス星から来たそうです。六十年ごとに二つの山の間にシリウス星が来るとき、〝シグイ〟という祭が行われます。フランスの人類学者マルセル・グリオールは、ドゴン族について十六年間調査しており、一九四〇年代にドゴン族の長老から秘密の知識を授けられました。何世紀もの間、選ばれたごく少数にのみ口伝えで受け継がれてきた知識です。土星には輪があり、木星には月があり、天の川は星雲の渦巻きで、太陽系の惑星は太陽を中心にまわっていると教えてくれました。

かれらはシリウス星をとりわけ尊敬しており、シリウスAという一つの星しか見えない頃から、三つの星で構成されていると信じていました。また、二つめの星、シリウスBは目に見えないが、とても重いと信じており、一八六二年にアメリカの天文学者アルヴァン・クラークがシリウスBを発見したとき、それは白色矮星で密度が濃く、非常に重いことがわかりました。信憑性については議論の余地もありますが、ドゴン族については熱心な調査がなされており、当時のヨーロッパの天文学者はおろか、アフリカの僻地の部族がとうてい知るはずのないことを知っていたことは確かです。三つ目の星はまだ発見されていません。しかしシリウス星系の特定の摂動は、小さな赤色矮星、すなわちシリウスCの存在によって説明づけられると推測する学者もいます。

ブリンズリー・ル・ポワール・トレンチという名前で本を書いていた故クランカーティ卿によれば、紀元前十五世紀のトトメス三世の時代のパピルスに、UFOのことが描かれているそうです。まず、火の輪は現代の空飛ぶ円盤と同じ形を示しています。このパピルスによると、空がこの火の輪でいっぱいになり、ある晩の夕食後、王とその軍隊がそれを目撃しました。

その一千年後、紀元前三二九年に、当時、もっとも勢力を誇っていたアレクサンダー大王は、敵を征服するためにインダス川を渡ろうとしていたとき、軍隊とともに輝く盾のような物体を空に目撃します。それらの銀色に光る物体は軍隊の上に舞い降りて馬を怯えさせ、退却させたといいます。その結果、アレクサンダー大王はそれ以上インドのほうへは行かないことにしました。UFOはそのために現れたのでしょうか？　おそらくこの地域はある理由から宇宙人がもっともなじみ深い場所で、帝国主義やギリシア文明に侵害させるわけにはいかなかったのかもしれません。征服王は深入りしすぎたのでしょうか？　彼のほかの戦いも宇宙の存在たちは批判的な目で見ていたけれど、インドまで征服させてはならないと判断したのでしょうか？　それはおそらく、その地に古くからある英知は、アレクサンダー大王が征服により持ちこみたがっていた哲学や学問よりはるかに偉大だったので、干渉してはならないということだったのでしょう。

日本の非常に古い文献には、一一八〇年十月二十七日の夜に、紀伊地方の山へ向かって奇妙な光る物体が北東へ飛んでいったと記されています。それは急に方向を転じ、光の尾を残して消えたとあります。この物体は〝空飛ぶ土器の船〟と表現されていました。UFOが空飛ぶ陶器と呼ばれるのは、二十世紀に限られたことではないのかもしれません。

## UFO記録の宝庫

ヨーロッパでも古代から現代にいたるまで、UFOと思われる記録はたくさんあります。たとえば、十六世紀のアルザス地方の学者コンラッド・リュコステネスは、『異象と予兆の年代記』で、西暦三九三年のテオドニウス大帝の時代に空に目撃された奇妙な光について記しています。金星の近くにまぶしい光が現れ、つづいてまわりに蜂の群れのように光の球が現れました。そしてひとつに集まり、諸刃の剣のような形になったということです。オーストラリア博物館の研究図書館に所蔵されているこの本には、一四七九年にアラビアで目撃された円筒形のUFOについても書かれています。円筒形と円盤というのが、歴史を通じてもっともよく見られるUFOの形状のようです。旧約聖書のゼカリヤは、〝空飛ぶ巻物《ロール》〟を見たと書かれていますが、これは細く巻いた文書という意味で、空飛ぶロールケーキではありませんのであしからず。このタイプのUFOは、現代では葉巻形と呼ばれています。

ヨーロッパの美術館や公文書館はUFO記録の宝庫です。この現象が二十世紀になって初めて見られた新しいものではないことが、これで証明されるのではないでしょうか。しかしひとつ理解しておかなければならないのは、飛行機が発明される以前の記録者は、この現象について非常に異なる表現をしたということです。知性を持った雲というのは、聖書に限られたことではありません。一七八三年八月十八日、午後九時四五分、イギリス、バークシャー州のウィンザー城で四人の人物が、空に光る物体を目撃しました。一七八四年の『英国王立学士院会報』に四人の見たものについて記されています。

**長円形の雲が地平線と平行して移動していた。この雲の下に光る物体があり、それはやがてまぶしく光る球体になって静止した。この奇妙な球体は最初は淡い青色に光っていたが、しだいに輝きを強め、ふたたび東へ飛んでいった。それから物体は向きを変え、地平線に平行に飛んで南東に消えた。その輝きは驚異的で、地上のすべてを照らしていた。**

目撃者の一人で、英国王立美術院の創立者のトーマス・サンドビーは、後世のためにその光景を絵に描きました。

天文学者の推測では、現在知られている宇宙には百億兆個の星があるといいます。それらの星の多くはその周囲をまわる惑星をいくつか持っており、今も新しく発見されつづけています。だから宇宙を旅する異星人がいてもまったく不思議ではありません。中世のキリスト教世界では、地球が宇宙の中心で、惑星の性質は不明でした。天使の存在は広く信じられていても、宇宙を旅する技術や、天使が天空を旅するのに乗り物が必要だなどとは誰も考えもしませんでした。しかし中世やルネッサンスの名画には、近年目撃されているＵＦＯと驚くほど似通ったものが描かれています。

十五世紀のドメニコ・ギルランダイヨ作『聖母と聖ジョバンニーノ』には、聖母マリアの左肩の上にジョージ・アダムスキーが撮ったのとよく似た円盤形の物体が描かれています。背後の男性とその犬が物体を見上げています。ロンドンのナショナル・ギャラリーにあるカルロ・クリヴェッリ作『聖エミディウスのいる受胎告知』では、空に円盤形の物体が浮かんでいます。フレスコ画やタペストリーにも、しばしば空飛ぶ物体や中に乗っている存在が描かれています。コソボやボーヌ、フィレンツェの教会や修道院には、宗教的な場面と空飛ぶ物体が明らかに関連づけられた絵が飾られています。フィレンツェ・アカデミー所蔵のパオロ・ウッチェロ作『ラ・テーベ』にも、磔にされたイエスのそばに赤い円盤状のUFOが描かれています。

これらのヨーロッパ絵画は克明な日誌のようでもあります。チューリヒ中央図書館に所蔵されている一五六六年作のスイス、バーゼルの上空に浮かぶUFOを描いた絵はそのひとつです。まだまだいくつも例を挙げることができますが、そのほとんどはインターネットで見つけられるでしょう。しかしやはり特筆すべき驚愕のUFO絵画は、フランドルの画家アート・ド・ゲルダー作『キリストの洗礼』(一七一〇年)です。現在、イギリス、ケンブリッジ大学のフィッツウィリアム美術館で飾られています。洗礼者ヨハネが金色の光に包まれた主イエスに洗礼を施し、美しい円盤形の宇宙船が二人の上に浮かんでいます。

しかし中世から現代にかけてのヨーロッパの書物に載っている目撃例をここに挙げても、退屈なだけでしょう。修道士や律法学者が目撃した空飛ぶ柱や小さな船や回転する車輪や円筒状の物体についての情報は、関心のある人であれば誰でも見つけられるはずです。ひとつ確かなことは、この現象は何世紀もの間、ずっと私たちの身近に起きていたということです。そして記録が存在するかぎり昔から文献や絵画に記されてきたのです。

これらの証言は膨大で世界各地に存在するため、たんにUFOを信じないと主張するだけでは否定しきれません。そのひとつの例として、私が本書を執筆していたときの出来事を挙げましょう。定年退職した男性が、西部地方で犬を連れて公園を散歩しているときに、第三種接近遭遇をしたという記事が、ロンドンの新聞に載りました。男性の証言では、直径九メートル、長さ三十メートルぐらいの物体が、青と赤に点滅しながら、公園に降り立ったということです。四本脚の白くて半透明のものが、男性と犬のほうへ近づいてきて、犬がうなりました。ブンブンという音がして、男性は怖くなり、一目散に逃げたそうです。私が残念に感じたのは、男性の恐怖は無理もないとして、そんなすごい体験をしても懐疑的な気持ちは変わらないと書かれていたことでした。

この記事の男性がＵＦＯの絶対反対論者なのか、ただ疑っているだけなのかはわかりませんが、たとえＵＦＯが自分の家の庭に着陸し、宇宙人が家に入ってきて、目の前に立ったとしても、絶対に信じない人というのは実際にいるのです。かれらはなにかの幻覚だとか心理的な説明を見つけ、まぎれもない本物の体験を否定してしまうのです。フランスの思想家ヴォルテールはこう言いました。「地球は精神病院のようなもので、ほかの惑星の人々が患者たちをここに追放する」ある意味ではこれは間違いだと言えます。地球外から来る訪問者たちは地球のどんな偉人より賢く進化した知的存在なのですから。しかし彼の皮肉は的を射ています。精神を疑いたくなる行動を取るのは、宇宙からの訪問者ではなく、地球の人間のほうなのですから。

## 生命であふれる宇宙

地球外の生命体が、多くの古代文献や宗教的伝統のなかで描かれてきたことは間違いなく、この章で紹介したのはその顕著な例のほんのわずかでしかありません。かれらの存在はアボリジニーの洞窟画にも描かれているそうです。一八二〇年代にアメリカでモルモン教会を設立したジョセフ・スミスは、宇宙には人が住む世界がたくさんあると天使モロニから教わったと言っていました。偉大なインドの聖者、ラーマクリシュナは十九世紀の後半にインドで暮らし、その弟子たちの中でもっとも優れ、高名になったのはスワミ・ヴィヴェカーナンダです。もう一人の弟子はスワミ・ヨガナンダで、美しい『あるヨギの自叙伝』の作者です。パラマハンサ・ヨガナンダと混同してはなりません。ラーマクリシュナに師事したスワミ・ヨガナンダは穏やかで温厚な人柄でした。彼は子供の頃から、自分はこの世界の人間ではなく、仲間たちのいる遠い星から来たと信じていました。それが本当かどうかは信じる者の自由ですが、彼は大変尊敬されていた徳の高い信仰者でした。

あらゆる伝統的な宗教の中でも、地球外生命体は仏教の教えにおいてもっともよく説明されているでしょう。そのテーマについて研究していたアーナンダ・シリセナは興味深い発見をし、本書にそれを提供してくれました。仏陀は、自分はほかの世界から来て、二万五千年前に地球に来たときに別世界の存在と会っていたと明言していました。仏教の経典『長阿含経』には、全能の力を持っていると勘違いした地球外の存在に仏陀が教えを授ける話が語られています。この教えにより誇大妄想は正されました。

仏陀は、この宇宙には生命があふれ、〝ローカス〟と呼ばれる異なる存在の次元や意識のレベルで顕在化しているのだと教えました。そして二本足、四本足、足のないもの、多足のものが、宇宙にはたくさんいると言いました。仏陀は地球外の文明に対して非常に啓かれた心の持ち主だったようです。『増壱阿含経』の中で仏陀は、存在が光り輝く神々の天国に生まれ変わるときのことを表現しています。そこで魂は歓喜のうちに輝かしい生を受け、まばゆい光の中でいくつもの空を越え、さらに変化していく、と。仏教では、意識の状態によってさまざまな存在のレベルがあり、この世界を越えたはるかに進化した存在の領域では、自然と意識から存在が生まれるため、生殖の必要はないことが語られています。つまり、意識から存在が自然発生するのであれば、イエスの誕生に代表される処女懐胎さえも必要ないことになります、すなわちいくらでも可能なのです。

仏教ではほかの惑星の生命とほかの次元の生命の区別がなされておらず、霊的な進化の度合いによりローカス（天上界）があると説きます。たとえば、あるレベルは人間より進化した梵天の世界です。

梵天界も輝きの等級によっていろいろ違いがあり、創造力に富み、素晴らしく、静かで、美しく、明敏な、最高の梵天界があります。意識の三十一のレベルの中でもっとも高い世界は、心や感覚を越えた涅槃の世界に通じています。仏教の経典では、それらの世界に生きる霊体の寿命ははかり知れないほど長く、もっとも深い瞑想をきわめた人々は、そういう高次元や別世界の存在と交流できると教えられています。

『三明経』には、仏陀が別世界の知識を伝える意義深い部分があります。より高い梵天の世界へ行く道をご存じかと尋ねられ、仏陀は自分はその世界に入り、そこで生まれたので知っていると答えます。仏陀は神と人の師として知られ、宇宙には多くの神々がさまざまな次元や意識のレベルに存在することを語ったのです。

このローカスという概念は、現在の最先端の科学調査とそれほどかけ離れているわけではありません。われわれの知る物質界でも別次元でも生命であふれている宇宙という、畏敬すべき可能性に、最先端を行く科学者たちは心を奪われています。仏教に見られる存在のさまざまなレベルという古い概念が、今日の理論物理学で証明されつつあるのを見るのはとてもわくわくします。

第六章

# 多次元宇宙における生命体

究極の導きの法則があり、物理的な宇宙の物質に作用しているが、法則自体はこの世界のものではない。

サー・オリバー・ロッジ［訳注　英国物理学者］

## 見えるものだけが現実か

数年前、私はイギリス王室天文学者のマーティン・リース卿とともに、宇宙人をテーマにしたラジオ番組に出演したことがあります。大変うれしいことに、そのような権威ある立場にある人には珍しくマーティン卿は啓かれた心の持ち主で、火星や金星、木星や土星などの太陽系のほかの惑星にも生命が存在する可能性を考えるべきだという意見でした。一九五〇年代にキング博士がそういう考えを提唱したときは、無情に冷笑されたものでした。しかし史上最大の新事実は、つねに現代の表面的な常識をゆるがしつづけてきたのです。

多次元的な存在という概念は、かつては怪しげな神秘主義として科学界からあざけられていました。ところが今や、現代の理論物理学の中心的テーマとなっているのです。ひも理論やパラレル宇宙という概念は、純粋な物質を越えた存在のレベルがたくさんあることを示すものです。それはすなわち、私たちにとって物理的に住めない星に、私たちの目には見えない生命が存在している可能性があるということです。タイムトラベルや光より早い速度や透明物質や暗黒エネルギーというものをまじめに考えると、UFOやほかの惑星の生命体についての私たちの考え方は劇的に変わります。

物理的な現実を越えた世界について考察する、心の啓かれた科学者もいます。ドイツ生まれの理論物理学者、クラウス・ハイネマン教授はその一人です。教授は長年、NASAと契約のもとに実験物理学の研究を行い、スタンフォード大学のもと研究教授でもあります。科学とスピリチュアリティの裂け目とも言うべき分野について、論文を書いたり講演を行い、〈エローレット・コーポレーション〉という組織を設立して、計算流体力学やナノテクノロジーなどを含む科学的研究をしています。

ハイネマン教授は従来の科学分野における著名な人物であると同時に、超自然現象に啓かれた関心を持っており、〝オーブ〟と呼ばれる現象の研究に多大な時間を割いています。オーブというのはデジタル・カメラで撮影することができる、プラズマのような、透きとおった丸い光のことです。この現象に関心を持つようになったきっかけは、二〇〇四年に妻とともにエネルギー医学の学会に出席していたときのことで、デジタル・カメラで写真を撮ったところ、それらのオーブが写っていたのです。最近では、ハイネマン教授はデジタル・カメラがとらえられるイメージよりさらに多くのことを発見していますが、人間の目には見えないということです。われわれは人間の目で現実と呼ぶもののほんの一片だけを見ているにすぎず、電磁スペクトルの膨大な残りの部分は見えないままなのだ、と教授は言います。

電磁スペクトルには、ガンマ線、X線、紫外線、可視光線、赤外線、マイクロ波、電波などが含まれます。それらの唯一の違いは、波長あるいは周波数です。放射エネルギーは連続的なものですが、実用的な理由で区別されており、限られた技術で波長を測って決定しているにすぎません。つい最近、目に見えるものと見えないものについて、受賞歴を持つジャーナリストで友人でもあるヘイゼル・コートニーと話をしました。そのとき、彼女は『Countdown to Coherence（仮邦題「統一へのカウントダウン」）』という本を執筆中でした。調査の一環で、ハイネマン教授やウィリアム・ティラー教授など著名な物理学者に取材したことのある彼女は、可視光線のサイズについて私に教えてくれました。電磁波スペクトルが四千キロの映画フィルムだとしたら、普通の人間に見える部分は最長でも二コマ、つまり五センチだけなのだそうです。

私たちの目に見える光線は虹の色を構成している電磁スペクトルの部分です。それぞれの色は異なる光の波長に相当します。ほかの電磁波、電波、赤外線、紫外線、X線、ガンマ線、マイクロ波は、私たちの目には見えません。これだけ多くの目に見えない活動や放射があるということからも、現在の科学では感知できないほかのエネルギーや物体が存在することが推察できます。

このことは、目に見えない（肉眼や高精度の望遠鏡などでは物理的に見えない）惑星や、ほかの惑星の波長の違う生命体の存在についてどういう意味を持つでしょうか？　われわれの科学は、オーブなどの形で肉眼では見えないけれど霊視能力者などには見える地球の生命体を感知し、その存在を説明づけることができるようになりはじめているのでしょうか？　キルリアン写真でオーラを撮影できるようになって久しくなりますが、これはロシアの研究家セミヨン・キルリアンと妻のヴァレンティーナが一九三九年に発明した技術です。今では、従来あいまいな心霊現象で片づけられてきた分野を、理論物理学者たちが研究しはじめています。けれど私の師であるキング博士は、この点では例外的です。博士は、ほかのレベルの存在というのはぼんやりとしたものではないと、繰り返し明白に述べています。物質界と同じように実体があるけれど、異なるエネルギーの波長で振動しているのだと。

ハイネマン教授は長年の実験に基づき、オーブはスピリット（訳注　精霊、妖精、天使など超自然で実体のない存在）が発散するものだと結論づけています。スピリットの世界が存在する証拠は昔から数多くあったが、デジタル技術によってそれを見られるようになったのだと教授は言います。このことは、世界や肉体の死についての私たちの考え方を大きくゆるがします。ほかの惑星の生命体を発見することについても同様です。

そうした研究が認められはじめていることを受けて、二〇〇七年五月にアリゾナ州セドナでオーブ現象に関する初の会議が開かれ、同じ分野を研究する著名な科学者や研究者が一堂に会しました。専門家たちは、オーブは別世界の生命体が存在する有力な証拠であると確信を述べました。

この魅力的な分野を長年取材してきたヘイゼル・コートニーは、従来は不可能とされてきたこれらの現象の科学的証拠があると主張します。二〇〇七年七月の『デイリー・メール』紙に書いた記事の中で彼女は、オーブの写真はスピリチュアルな存在の科学的証拠だというハイネマン教授の言葉を引用しています。ハイネマン教授は、意識の性質と〝目に見えないスペクトル〟として知られるものについて研究する、しだいに増えつつある科学者の一人です。

ティラー教授はスタンフォード大学で、四〇年以上も意識の性質について研究してきました。現在は、アリゾナにあるティラー財団で、心霊エネルギーについて研究し、人間の意識と持続する意思が、物質（無機物でも有機体でも）や物理的な現実に有意な影響を与えることを証明しています。教授の研究結果では、物理的な現実には二つの異なるレベルがあることが示されました。この研究結果だけでも、目に見えないものの存在を受け入れやすくなります。ティラー教授によれば、物理的な現実の第二のレベルは、原子や分子を構成する素粒子の空間で作用するのだと言います。だから肉眼では見えないし、従来の計測機器でも感知できないのです。

このことについても、キング博士は五十年も前に、原子の隙間は霊的（高い振動数の）発散物がたくわえられたエーテル体で満たされていると言っていました。今まで迷信だと片づけられてきた概念が科学で立証されはじめているのです。いっぽうで、まだ多くの科学者はこれらの分野に軽蔑的です。しかし、しだいに増えつつあるこの分野の科学者が、頭の古い仲間たちの固定観念を打ち砕いてくれることでしょう。ハイネマンとティラーは賞賛すべき啓かれた心を持つ、そうした科学者の一員なのです。

ティラーは微細なエネルギーと意識に関する実験や理論的研究を行い、論文を書いたり講演を行ったりしてきました。ハイネマンは、実際に目に見えるものを越えた現実があるという確かな証拠を提示してくれたとして、ティラーの研究を非常に高く評価しています。ティラーは、無限の周波数とそこに存在する現実があると指摘します。それぞれの現実はそこに存在する者にとって、私たちのこの現実と同じぐらいリアルに見えることでしょう。ヘイゼル・コートニーは、それらの現実を行き来できる人々がいると信じており、時間は空間であって私たちはそれを渡ることができるのだと、著書の中で書いています。

科学の姿勢が変化してきたことのもう一つの証拠として、最先端の理論物理学者でアメリカ生まれのミチオ・カク博士が挙げられます。よくテレビでも見かける博士は、ニューヨーク市立大学で二十五年間、教鞭を執ってきました。カク博士は、パラレル・ワールドとか多次元宇宙の存在について研究し、執筆してきました。現在では不可能とみなされているが、将来可能になるかもしれない透明化や瞬間移動、未来予知、宇宙船、反物質エンジン、タイムトラベルなどについて研究しています。私個人は、そういう技術は可能であるばかりか、別次元ではすでに行われていると考えています。

## 多次元宇宙という概念

二〇〇三年、カク博士はある意義深いインタビューに答えて以下のように言いました。物理学者たちはもはや単一宇宙ではなく、多次元宇宙という考えを信じている。たくさんの宇宙が同時に存在しているのだ。面白いことに博士は、多次元宇宙という考えは、世界の創造が一瞬で行われたというユダヤ・キリスト教的思想と仏教の無限の思想を結びつけてくれると言います。博士の考えでは、最初に超空間だけがあり、おそらく十か十一ぐらい次元があり、量子の法則により不安定だった、つまり最初に存在していた無は変動していたということです。その無の中に泡ができはじめ、それらの泡が急速にふくらんで、私たちの宇宙になった。この宇宙の膨張というプロセスは、沸騰した湯に小さな泡ができて、急速に大きくなるのと同じだと博士は言います。

私はそこに古代ヒンドゥー教のヨガの哲学を補足したいと思います。潜在の状態から顕現の状態へ、神が息を吹きこんで創造が行われたのだと。ヒンドゥー思想では、膨張に相当する神の息吹につづいて、神が息を吸いこむとすべてが神聖な源へ戻るとあります。それが人生の意味であり、目的なのです。肉体を持って経験を積み、すべてを知る神へと還っていくことが。ここでも、科学は哲学や宗教の領域に分け入らざるを得ないことがうかがえます。科学と宗教に明確な区別などないのです。

同じインタビューでカク博士は、目には見えないし触れることもできないけれど、われわれの物理的世界と同時に違う世界が存在するという理論を述べました。それぞれ異なる経験が起きている複数の世界という観念を、博士は非統一と表現しました。たとえば、部屋で坐ってラジオを聞いているとします。あなたがいる部屋にはたくさんの周波数が同時に存在しますが、あなたのラジオは一つの周波数にだけ合わせられています。同じように、一つの宇宙でいくつもの波長の異なる生命体が異なる場所や時間で無数の体験をしているというのです。すべてが同時に存在していながら、あなたがいる部屋では、あなたのラジオは一つのチャンネル、すなわちあなたがいる現実のチャンネルだけに合わせられているのです。それらの異次元の宇宙との交流が、将来、われわれの救いになるだろうと博士は言います。

カク博士はSETIプログラム（地球外文明探索計画）について、地球に来ることのできる宇宙人はわれわれよりはるかに進んだ技術を持っているに違いなく、われわれ人間がかれらの存在に気づけないだけなのだと批判しました。蟻が近くにある十車線の高速道路を理解できないのと同じで、高度に進化した異星人の文明を理解できないのだと。そしてそのことに気づくだけの知性もないのだと。ちなみにこのたとえは、「なぜ宇宙人は堂々と現れないのか」という疑問の答えに大いに役立つでしょう。カク博士が、ほかの次元の現実や異星人を理解しようとするならまず、自分たち自身について多くを学ばねばならないという結論にいたったことは興味深いことです。博士はほかの惑星の生命体についてのきわめて重要な原則を導き出したのかもしれません。それらの存在を発見し、コンタクトするには、物理的な方法ではなく形而上学的方法、すなわちそれらが多次元的な存在であることを理解しなければならないのだと。

宇宙生命体を理解する上で影響力のあるもう一つの科学研究の分野は、見えない物質の研究です。

イリノイ州シカゴにある米国エネルギー省のフェルミ加速器研究所は、高エネルギー粒子物理学を専門とする国立の研究所で、暗黒物質や暗黒エネルギーの最前線の研究を行っています。現在の宇宙の九六パーセントは暗黒物質と暗黒エネルギーでできていて、原子や見える物質はたった四パーセントしかないそうです。宇宙は今も膨張していて、科学者たちの考えでは、永遠に（永遠がどういう意味であれ）膨張しつづけるのだそうです。そして宇宙の膨張が加速しているという事実から、物理的には目に見えなくとも、暗黒エネルギーが存在するに違いないと科学者たちは結論づけました。暗黒エネルギーは、銀河同士を引き離そうとして膨張を引き起こす謎の力だと考えられています。暗黒物質というのはわれわれの宇宙を理解する上で不可欠の概念です。暗黒エネルギーは銀河をまとめているもので、それがないと必要な引力を生じさせるだけの集団になれないのです。

理論物理学を証明されていないことなのだから役に立たないと否定するのは簡単ですが、それではその価値を見損なうことになります。たとえばブラックホールは、相対性理論における仮定の概念でしたが、今では科学者たちに証明された事実とみなされています。ホワイトホールも仮定の概念ですが、ブラックホールとは反対に物質を引きつけるのではなく吐きだします。ホワイトホールは創造そのものであり、多数のホワイトホールが存在する可能性があるなら、多数の宇宙が存在するはずだと考える人々もいます。しかしその存在はまだ証明されていません。

まだ証明されていないもう一つの興味深い概念はワームホールです。最初はアインシュタインと長年の同僚であるネイサン・ローゼンが共同で研究していたことから、アインシュタイン＝ローゼン・ブリッジと呼ばれていました。この概念は、星が崩壊して質量がゼロになり、〝特異点〟という高密度になり、ブラックホールが生じるという考えから生まれました。非常に強い重力場ができ、まわりのすべての物質、光さえも吸いこんでしまいます。アインシュタイン＝ローゼン・ブリッジは、離れた時空間の場所同士をつなぐ近道、ブラックホールとホワイトホールをつなぐ橋の役割を果たします。

SFの世界ではスペーストンネルと呼ばれ、理論的にはここを通れば重力の働きで光より速く進めると考えられています。それだけのスピードがあれば、時間も超えられます。ワームホールを通れば、理論的には何百年も過去にさかのぼれるのです。

しかしこれは物理的・技術的に困難であると同時に、哲学的なジレンマも生じさせます。科学者たちが言う〝グランドファーザー・コンプレックス〟で、過去にさかのぼれるとしたら、祖父を死なせることになり、あなた自身も生まれなくなる、というものです。この不可能な事態が起きるのを阻止する宇宙法則があるに違いないと科学者たちは考えています。ある時間やある場所で起きる出来事を決めているもっとも偉大なスピリチュアルな法則が、物理の法則を支配しているのだと。私はこれをカルマの法則だと考えています。なぜならその法則が、私たちの経験を定めているからです。

このようなきわめて難解な事柄が物理学界では研究されており、宇宙物理学を研究する科学者たちは形而上学の領域に踏み入らざるを得なくなっています。目に見えないものの存在を信じる科学者たちは、結果的に心霊学者たちの長年の見解を立証することになったのです。十九世紀から二十世紀の初期に心霊的な世界を研究し、同時代の仲間たちに物笑いの種にされてきた先駆者たちは、これらの現代の発見によって汚名をすすがれたと言えます。しかしその先駆者たちでさえ、目に見えない暗黒物質の割合がこれほど圧倒的だったとは、さぞかし驚いたことでしょう。

## 肉体を持たぬ存在

この分野での先駆けの一人はイギリスの科学者で、電磁波や無線電信術の研究で有名なオリバー・ロッジ卿です。彼は、死後も命は生き続けることを科学的に証明したと言われています。オリバー・ロッジ卿は王立協会会員でもあり、心霊研究に多大な時間を費やし、科学をスピリチュアルな観点でとらえることを重視しました。彼にとって、両者は切り離せないものだったのです。「命と心は、肉体の機能ではない。物理的な器官を利用してみずからを表現しているのだ」と彼は言いました。しかしその自信に満ちた主張や霊媒能力の研究も、世間の常識を覆すことはできませんでした。教会と唯物論的な科学者たちは結束してその研究成果を糾弾し、圧力をかけ、懐疑論者たちはいかさま霊媒師の事件をタネに攻撃しました。そういうわけで、有望な研究だったにも関わらず、意識は死後も生き続けるという霊媒師をもとにした学説を信じる者はごくわずかにとどまりました。

しかしながら二十世紀後半には、さまざまな学究施設が超常現象に関する部門や専門の課をたちあげて、調査や教育を行うようになりました。超心理学の研究を行う設備や機関を財団などが提供するようにもなりました。なかでも有名な研究者は、アリゾナ大学で心理学、薬学、神経学、精神医学の教授をしているゲイリー・シュワルツです。ほかの多くの学者と同様、シュワルツも霊媒師にはきわめて懐疑的で、死者と交流したという霊媒師の主張の真実性を確かめるために、慎重に計画した調査を行いました。彼いわく〝生きている魂現象〟を調査するため、シュワルツ博士は対象者と霊媒師の相互作用を調べる厳密にコントロールされた実験を行いました。霊媒師による情報の正確性を確証するためです。ある実験では、対象者から言葉による情報は一切ない状態で、霊媒師の正確性は八三パーセントで、べつの実験では七七パーセントでした。

シュワルツ博士はトリプル・ブラインド法、つまり参加者はみな――霊媒師、対象者、実験者――誰が降霊しているのか知らされないまま、実験を行ったのです。対象者は代理人をたて、霊媒師が言葉以外の情報や心を読んだりできないようにしました。対象者となった八人はいずれも最近肉親と死別し、それまでの調査でもっとも正確だった八人の霊媒師が選ばれました。どのケースでも、霊媒師は対象者や死者の個人情報を一切教えられていませんでした。シュワルツによれば、霊媒師は死者に関する正確な情報を受け取ることができるという結果が出たということです。

もし地球での命が肉体に制限されていなければ、当然、宇宙のどこかにそれがあると考えるでしょう。私自身のチャネリング経験から言わせてもらえば、これまで何百回と霊視を行い、後進の指導にも当たってきましたが、この世界のまわりにはより高い存在の領域があることを確信しています。しかし多くの人々は、科学でそれが証明されないかぎりそんなことは信じないでしょう。

サム・パーニア博士はサウサンプトン病院で、心停止になって臨死体験をした患者を対象に調査を行いました。臨死体験というのは、死亡状態になっても意識があり、まわりの出来事を知覚していることを言います。調査の対象となったある患者は、心停止のさなかの出来事を見ていたことを覚えていて、その内容は看護士や医師によって裏づけられました。心停止が起きたとき、モニター機器では脳が著しく機能を損なっているか、あるいはまったく機能していないことが示されていても、意識は残っているに違いないとパーニア博士は結論づけました。多次元的な生命ということを理解する上でより意義深いのは、臨死体験者の多くが体外離脱体験もしていて、それについて話すことができたということです。これらの人々に典型的なのは、光のトンネルを見た、あるいはそれを通り、とても安らかな気分に包まれるというものです。ある女性患者は、扉のようなところに亡くなった父親が立っていて戻りなさいと言うので、その通りにしたら生き返ったと話しました。

臨死体験者の脳は機能停止しており、通常なら記憶能力もないはずなのに、患者たちは自分の体験を鮮明に覚えています。瀕死の状態にある人々は、意識がとても明晰になり、思考がはっきりとするという体験をします。蘇生術を施しているあいだの出来事を細部まで覚えていたという患者もいるそうです。パーニア博士によれば、脳が著しく機能を損なっているか、あるいは停止しているときに、臨死体験者ははっきりとした思考能力があることがわかっているそうです。これらの調査結果は、意識が脳に限られておらず、脳から生じるものでもないことを示している、とパーニア博士らは考えています。われわれが死後も存在し、体外離脱者のように心霊的、あるいはスピリチュアルな体を持って生き続けることを臨死体験は示している、と考える人々もいます。

臨死体験中に限らず、体外離脱体験の報告は数多くあります。眠りに入る前、肉体から抜け出て浮かび、自分を見おろしているというのがよくあるケースです。ほかにときどき報告されるのは、この世やほかの世界へ行ったり、亡くなった肉親や天使に会ったりという体験を実際のことのように味わうというものです。私も体外離脱を何度かしたことがあります。あるときは、隣の建物の特定の部屋の壁紙の模様まではっきりとわかりました。翌日、そこへ行って、自分の見た通りであったことを確かめました。その部屋へは以前も来たことがありましたが、そこまで細かく見たことはありませんでした。したがって体外離脱が起こりうることを信じており、次の章ではとくに意義深い例について、神秘主義的観点から述べたいと思います。

この地球で肉体から出ても存在できるとしたら、ほかの惑星でも存在できないわけがあるでしょうか？　実際にほかの惑星ではみな肉体を持たず、私たちには感知できない波長で存在しているのだと私は考えています。宇宙に多次元的な生命があふれているという考えを、ますます多くの科学者が追求しはじめていますが、それを深く理解するためには、数学中心の理論物理学や科学的な研究よりも、神秘主義思想に目を向けねばならないと思います。

第七章

# 神秘主義とマスターたち

神秘主義は過去においてそうだったように、今後も世界の偉大な力のひとつであるだろう。

W・B・イェーツ

## 予言される世界の終末

メキシコのユカタン半島の森深くに、マヤ人の遺跡や建造物が残っています。かれらの文明は三千年近く続き、現在のメキシコ南部、エルサルバドル、グアテマラ、ベリーズ、ホンジュラス西部まで広がっていたと言われます。西暦十世紀頃に最盛期を迎え、しだいに衰えて、七百年前に突然、消滅してしまいます。その原因を歴史家は今も調査中です。消滅当時のマヤ文明が平和的でなかったことは明らかで、その文明は残酷を極め、人間を神の生け贄として捧げる儀式を行っていました。いっぽうで、天文学に優れ、非常に正確な計算で暦を作り、それは現在私たちが使用しているカレンダーよりいくつかの点で正確だと言われています。この暦は二〇一二年十二月二十一日の冬至の日で終わっています。

スペインの征服者によって、かれらの写本は〝悪魔の書〟として破壊されてしまいましたが、四つの写本だけは無事で、もっとも重要なものは〝ドレスデン絵文書〟と呼ばれています。イチジクの樹皮を平らにのばして石灰を塗ったものに記されており、長さは三メートルほどで、十八世紀以来ドレスデンのロイヤル・サクソン図書館が所蔵しています。内容は一種の黙示録です。最後の章は世界の終わりを指していると言われ、雷がとどろき、黒い雲から雨が降ると書かれています。これは地球温暖化、あるいは原爆による黒い雨のことを予言しているのでしょうか？　しかし明確なつながりはないものの、多くの人がこの予言を二〇一二年で終わるマヤ歴と結びつけて考えています。

北米先住民のホピ族の文明は、紀元前五百年頃から存在すると考えられていますが、やはり世界の終わりを予言しており、社会、環境、気象、政治などの問題で厳しい試練のときが来て、世界の終わりにいたるといいます。そういう大変動を〝青い星の精霊《ブルー・スター・スピリット》〟が現れて予言するのだそうです。けれどすべてはまだ失われていない、なぜならアリゾナの予言者の岩と呼ばれる場所に希望のメッセージが書かれているから、とかれらは言います。そこには人類は選択できる、ということが示されており、人類がじゅうぶんに変われば大変動で絶滅しないでもすむのだというのです。

ユダヤ教のモーセ五書《トラー》や新約聖書の黙示録、ベーダの聖典など古代の宗教書を研究する学者たちは、ほとんどすべてが世界の終末を預言していると言います。ピラミッドに記されたエジプトの象形文字でも、そういう警告がなされているそうです。ユダヤ歴では、世界の終末はすぐそこに迫っていることが示されている、と言う人もいます。神秘主義者ではなくとも、世界中の環境保護活動家は同じ意見だろうと思います。

西洋のもっとも有名で偉大な預言者はノストラダムスでしょう。今も世界各地の書店に並ぶ彼の四行詩は、苦難を預言しています。彼が言うところの、熱した海、干ばつや飢饉、沸騰する湖、空から降ってくる火、というのは、地球温暖化や原爆のことだと、多くの人が考えています。ノストラダムスが預言しているのは現代のことだというはっきりした証拠があると言う人もいますが、わずかな希望もあります。ノストラダムスがフランスの宮廷に仕えていた時のもっとも有名な預言のひとつは、アンリ二世が馬上槍試合で命を落とすというものでしょう。彼はアンリ二世に、あなたは民を統一する偉大な人物になれるお方ですと告げ、馬上槍試合の事故を防ごうとして警告をしました。ところが王妃が驚いたことに、アンリ二世はその警告を無視し、ノストラダムスの預言したとおりに死んでしまいます。個人に対する預言に言えることは、世界の預言にもあてはまります。私たちが変わるのを助けるために、預言は与えられているのです。このままの方向で進めば、ノストラダムスやほかの預言のとおりに、地球最後の日が訪れるかもしれません。けれども私たちが変われば、運命は避けられるかもしれないのです。

歴史上の偉大な神秘主義者たちはおおむね、公に姿を現して力を誇示するよりも、はるかに繊細な計画にしたがって縁の下の活躍をする傾向にあります。かれらのなかで、あらゆる宗教や種族のごくわずかな男女が完璧なスピリチュアルのレベルに到達し、地球上での進化のレッスンを必要としなくなります。人間としての経験の基礎的なレッスンをすべて修了し、べつの段階へうつる準備ができたのです。かれらのなかには地球上に残って、秘密の隠れ家に暮らし、人類を救う、あるいは人類がみずからを救う助けをする人々もいます。かれらはもはや輪廻の輪からはずれ、不老不死の永遠の姿で、何世紀もとどまります。かれらは昇天した《アセンデッド》マスターです。チベット、中国、日本、モンゴルなどの仏教では、こうした悟りを啓いた魂を菩薩と呼びます。もっとも高次元の菩薩は輪廻の輪をはずれて神の境地へ入ることをゆるされながらも、深い慈悲心から永遠の体にとどまり、衆生を救うために涅槃入りせずに地上に残っているのです。同じ体で年を取らないまま長い年月を生きている人々の話は、さまざまな時代のさまざまな文化に認められます。かれらはもはやこの劣った限られた世界ではなにも学ぶべきことがないので、地上に残っている必要はないのです。

かれらはたいてい人類のために縁の下の力持ち的な役割を果たしますが、ごくまれに人々の中でともに生きることもあります。近代でよく知られたアセンデッド・マスターはサン・ジェルマン伯爵でしょう。神秘学や錬金術などの資料で彼に関するものはあまりに多すぎてとても検証することはできませんが、私は間違いなく彼は存在し、今も生きていると思います。ある信頼のおける説では、イタリアのナポリで暮らしていたときに、幽体離脱をして旅をしたと言われています。サン・ジェルマン伯爵はこの経験を『聖なる三位一体の知』という書物に記したとされています。多くの研究者や形而上学者がこの十八世紀の書物に言及していますが、実物は見つかっていません。

## 聖なる三位一体の知

フランス、トロワの図書館に、サン・ジェルマン伯爵の弟子だったと言われているアレッサンドロ・ディ・カリオストロ伯爵が原本から書き写したとされる『聖なる三位一体の知』の原稿と称される文献があります。カリオストロ伯爵は詐欺師だったとされて評判をけがされていますが、私を含め、そうではないと信じる人々もいます。カリオストロ伯爵の擁護者の一人は有名な神智学者のマダム・ブラバツキーで、彼女自身もさまざまな誹謗中傷を受けました。実際、歴史に名を残す著名な神秘学者で世間の中傷を浴びなかった人はいないくらいです。カリオストロ伯爵は神秘学の知識をさまざまな社会層に広めようとつとめ、何千人もの人にヒーリングを施したり、フリーメーソン団を通じて実用的なエジプト魔術を教えたりしていたと噂されています。彼の願いはオカルトの真実を広めて、人類をよりよくすることでした。

カリオストロ伯爵は、貴族であるばかりか優れた錬金術師で、神秘学者でもありましたが、上流社会だけにとどまってはいませんでした。妻のセラフィナとともにヨーロッパをめぐり、貴賤を問わず人々のために力を示し、助けたと言われています。そのために彼は宗教裁判で異端者とされ、ローマのサンタンジェロ城に幽閉され、のちにトスカーナのサンレオ城砦に閉じこめられ、獄死しました。彼の活動は当時の宗教や政治体制に真っ向から対立するだけでなく、秘伝を守る伝統的な神秘主義にも反するものでした。おそらく彼は、古くからの掟を破り、準備のできていないさまざまな身分や国の人たちに神秘主義の真実を分け与えてしまったのでしょう。それは立派なことですが、やはり善意による過ちだと思います。彼は偉大なアセンデッド・マスター、あるいは宇宙のマスターの英知と洞察力に欠けており、そのような知識を人間に与えるには正しいやり方をしなければならないことがわからなかったのでしょう。
カリオストロ伯爵は『聖なる三位一体の知』の写しを、おそらくサン・ジェルマン伯爵の許可を得ずに取っただろうとされ、そのことからもすべての人々に形而上学的な知識を分け与えたいという彼の熱意がうかがえます。もしそうであるなら、彼の狙いは成功したと言えます。妻のアリソンと私は、通常は特別の許可がなければ見ることのできないその文書を、トロワの図書館で手にとって読むことができたのです。

**地球の上空まで来るや、目に見えぬわたしの導き手はなににも比ぶべくもない速さでわたしを引きあげ、瞬く間に陸地が遠ざかっていく。ナポリの田舎町どころか、地球の懐からもはるか遠くに来てしまったことに驚愕していた。もはやなにもない巨大な三角の塊しか見えない。まもなくその衝撃もさめやらぬうちに、新たな恐怖に見舞われた。あまりにも高みに引きあげられたために、地球はぼんやりした雲にしか見えない。目に見えぬ導き手が離れてしまうと、わたしは落ちはじめた。長いあいだまわりながら空を滑っていく。あわてふためくわたしの目にすでに地球が迫っていた。あとどれぐらいで岩に叩きつけられるだろうかと計算した。すると考えるより素早く導き手が追いついて、ふたたび果てしのない高みに引きあげてくれた。惑星が周囲をめぐり、地球が回転するのが見えた……。**

ここには、サン・ジェルマン伯爵が体外離脱して宇宙へ行き、惑星が軌道をめぐるのを見たという体験が記されています。前章で述べたように、この地上で体外離脱が可能なら、高度に進化した神秘主義者は間違いなく遠い宇宙まで行けることでしょう。そういう離れ業ができるのはきわめて非凡な人物であり、サン・ジェルマン伯爵はまさしくそういう存在なのです。彼はみずからの古代の英知をこの地上で応用し、さまざまな分野に進化の種を蒔きました。フリードリヒ大王に宛てた手紙でヴォルテールは伯爵のことをこう表現しています。「決して生まれず、死ぬこともない、すべてを知っている人物」であると。これを皮肉と考える人もいますが、惜しみない賛辞だと考える人もいます。どちらにしても、意図はどうであれ、これは非常に鋭い指摘だと思います。

## 科学と神秘主義

アセンデッド・マスターという概念が形而上学的な学問で認められつつあるいっぽう、宇宙のマスターはまだあまり認められていません。宇宙のマスターを理解するには、その技術的な偉業に驚愕するだけでなく、かれらの深いスピリチュアリティと英知と神秘的な力を賞賛すべきです。現代では、科学者と神秘主義者のあいだに明確な線が引かれていますが、つねにそうだったわけではありません。ずっと昔は、錬金術師として両者は結びついていたのです。

十四世紀のフランスに、ハリー・ポッター・シリーズで最近注目を集めたニコラス・フラメルという伝説的な人物がいて、妻のペリネルとともに古代の錬金術を行っていました。いとも簡単に卑金属を金に変えることができたおかげで、パリでは大金持ちでした。以前の本屋の仕事に満足していたものの、裕福とはとても言えませんでした。夫婦は大金持ちになり、貧しい人々のために病院や施設を作る余裕ができました。夫婦がこれほど金持ちになれたのは錬金術のおかげです。けれどもフラメル夫妻は裕福になっても、さしずめ現代ならスポーツ・カーやヨットや自家用ジェット機などに相当する十四世紀の贅沢品には関心を示しませんでした。反対に、ごく質素な生活をつづけ、錬金術の世界で〝偉大な業〟として知られるものの研究に情熱を傾けていました。

金持ちになったフラメル夫妻は成功者であり、貧しい人々のために尽力した善行の人でありますが、ここで言いたいのはそういうことではありません。ニコラス・フラメルは徹頭徹尾、神秘主義者であったのです。彼は黄金の物質的な価値には関心がありませんでした。物欲的な生活に溺れてしまったら、せっかく得た力が失われてしまうことを、彼は理解していたのです。彼にはスピリチュアルなひとつの目的があり、ほかのすべてはきわめて有益な副産物で、彼はそれを自身の道徳心にしたがって活用しました。ニコラス・フラメルの話は誇張された伝説として片づけられがちですが、そうではありません。彼の研究室があったパリの家を訪ねたことがありますが、ニコラス・フラメルの成し遂げたことは大変意義深く、それを認めないのは愚かしいことだと私は感じました。彼の研究は彼自身にとっても、ほかの多くの人にとっても、魔術であると同時に純然たる科学だったのです。

同じことはアイザック・ニュートンにも言えます。錬金術に傾けた彼の情熱は、一見すると本来の科学からはずれた道楽のように思われたことでしょう。重要なのは万有引力の法則や運動の法則の発見であり、鉛を金に変えるという、どう考えても実現不可能な秘術のほうはおまけだろう、と。しかし錬金術は物理であると同時に、意識の科学でもあるのです。それは実験者と対象物とのパワフルな協同的変換なのです。皮肉なことに、量子物理学の出現により、この概念は実験者の意識が実験結果に作用するという説としてふたたび世に紹介され、ニュートン学説の確実性を強めることになりました。おそらくニュートンはそのことを知っていたのです。ただ実験を行い、推論する以上のことをする必要があることをわかっていたのです。錬金術に傾けた情熱こそが、彼の原動力だったのでしょう。彼を突き動かし、ひらめきを与え、物理学界に変革をもたらす発見をさせたのは神秘主義にほかならなかったのです。

科学と神秘主義に心を向けたもうひとりのイギリスの偉人はフランシス・ベーコン卿です。当時、一般的に受け入れられていたアリストテレス学説に真っ向から反対し、ベーコンはまったく違う方法論を提唱しました。科学的事実をもとに推論するのではなく、観察と実験をものさしにすべきだと主張したのです。人間は自然の召使い・理解者であり、知識は経験による果実なのだと。この考えにしたがい、彼は科学的推論として知られる革命的な実験法を生みだします。しかしながら、ベーコンの偉業はそれだけではありません。彼は偉大な神秘学者であり、密かに薔薇十字団の中心的人物でもありました。彼はまぎれもなく素晴らしい随筆家であり、法律家であり、哲学者であり、同時代人のシェイクスピアの作品にも多大な貢献をしている(訳注　シェイクスピアの小説はじつはフランシス・ベーコンの作だとする説がある）と考えられています。また、傑出した政治家でもありましたが、大法官としてのキャリアはねつ造されたとおぼしき嫌疑によって、突然の終わりを迎えました。

何世紀も受け入れられてきた方法論を否定する自信と洞察力をベーコンにもたらしたのは、神秘主義の知識であり、頭で推論するだけでは真実にはたどり着けないという彼の考えはおそらく正しかったのです。古代ギリシアの時代から脈々と世界に受け継がれてきた知識を否定することはもちろんできません。しかしなかには感動的なまでに見事に真実を言い当てていることもあれば、間違っていることもあります。もっとも間違いであっても、当たらずとも遠からずという場合もありますが。たとえばアリストテレスは、人間の脳は胸にあると考えていましたが、超自然的なレベルで考えればあながち間違いとも言えません。ヨガの思想では、人間のオーラ、あるいはエーテル体にはチャクラというエネルギー・センターがあると考えられており、それらは心のエネルギーの中心で、もっとも心と関わりがあるのはハート・チャクラです。ハート・チャクラと関連する神秘主義的な元素は風で、風は心を表すとされています。

じつはアリストテレスの哲学のルートをたどると神秘主義にたどり着きます。彼はプラトンに学びましたが、プラトンはソクラテスの弟子で、ソクラテスはピタゴラスの教えに深い影響を受けました。ピタゴラスは三平方の定理で有名ですが、彼は南イタリアのクロトーネに学園を作り、数学と神秘主義とを融合させた学問を教えていました。その時代はまだ、天文学と占星術、数学と数秘術に明確な区別はなかったのです。ピタゴラスは天国について学ぶのに音楽を取り入れ、世界各地を旅して学んだ儀式を得意とし、各地で行っていました。

ピタゴラスと同じように、科学と神秘主義を融合させた錬金術師も、偉大な元素の提唱者でした。それらは今日の化学元素表とはまったく違う、生命の謎を解くための魔法の鍵です。錬金術師は土、火、風、水だけでなく、エーテルと呼ばれる第五の元素の存在を信じていました。ほかのすべてをそのなかに含むこの元素は、錬金術師にとって肝心要のものです。それこそ、鉛を金に、低次元の物質を高次元のものに変換することができるという賢者の石の秘密を解く鍵なのです。宇宙からの訪問者たちは、その力を理解し、うまく利用して、第六章で述べたように波動を変え、姿を現したり消したりすることができるのではないでしょうか？　これこそが、第三章で述べた一九八九年にソ連のボロネジで目撃された宇宙人が、現れたり消えたりできた秘密なのではないでしょうか？　あるいは、映画『スター・ウォーズ』で有名な決まり文句〝フォースとともにあれ！〟が意味することなのでは？

たとえば、オリバー・ロッジ卿は二十世紀後半に、エーテルの重要性について雄弁に語りました。同じ頃、パリにまたべつの謎めいた人物がいました。ファルカネリという名前のその人物の正体は謎で、いまだ議論の的です。しかしアセンデッド・マスターであるサン・ジェルマン伯爵とつながりがあったと広く信じられています。ファルカネリが著した二冊の本は、錬金術の分野の古典とされています。『大聖堂の秘密』と『賢者の館』です。ヨーロッパの偉大な建造物の数々の彫刻や絵画などには、深遠な生命の神秘的哲学が示されていることが、詳細に説得力に満ちて語られています。ファルカネリによれば、ゴシック様式の教会などに彫られている象徴は、過去・現在・未来に関するメッセージを示しているそうです。

いずれこの世界に大変革が訪れるというしるしをファルカネリは見ました。それはたんなる物質的なものではなく、人間の錬金術的変容だと彼は言います。ニューエイジと呼ばれる時代に、人々は変化をするか、抵抗するか選ぶチャンスを与えられますが、いずれにしても変容は起こります。われわれすべてが直面する最大の難関は、現在も進行中の危険な環境的変化です。それに伴って神秘主義的レベルの波動の変化が、より強力により速く進められています。ファルカネリが非常に意義深い歴史的建造物とみなすアンダイエの十字架像が、フランス南西部のピレネ・アトランティク県にあります。この十字架の石像に刻まれたシンボルは、古い世界が終わり、新しい世界がはじまる大変革がいずれ起きるというメッセージであるとファルカネリは考えていました。それはいわゆる世界の終わりでしょう。彼の考えは、この章の初めのほうで紹介した考えと一致します。将来、大災害が起こり、人類は変容する必要に迫られるという警告は、神秘主義における共通のテーマなのです。ファルカネリは決して人前に現れず、本の出版者にすら会わずに、弟子のユージーン・キャンセリエに原稿を届けさせました。一九三七年、ファルカネリはフランスの化学技術者でジャーナリストのジャック・ベルジエに会ったとされており、核実験の危険について警告し、錬金術を用いれば核よりも安全に物質やエネルギーを操作して力を生み出せると力説したということです。この問題については、地球外生命体とのコンタクトでも熱心に取りあげられており、宇宙のマスターの科学は、唯物論的な科学者よりも、慎重に秘密を守ってきた神秘主義者たちとはるかに相通じるものがあると思われます。ベルジエがファルカネリから受け取った賢者の石に関する助言は、錬金術というのは金属だけでなく実験者自身の変容も指すというものだったそうです。おそらく宇宙人たちはこの神秘主義の奥義をよりよく理解し、それによって力を得て、宇宙のレベルで顕現させているのでしょう。

ファルカネリが実際は誰であれ、まぎれもなく非凡な人物であり、錬金術やヘルメス神秘学、カバラ秘術だけでなく、物理学にも精通していました。薔薇十字団の重要人物で近親者にさえ正体を隠していたのかもしれませんし、高位の存在、すなわちヨーロッパ史におけるもっとも謎めいた人物、サン・ジェルマン伯爵の使者だったのかもしれません。そしてアセンデッド・マスターとして広く認められているサン・ジェルマン伯爵の使者であれば、別世界からの訪問者たちの真の才能を示すことができたはずです。実際、この地上にとどまることのできるアセンデッド・マスターは、宇宙のマスターなのではないでしょうか？

この考えをより確実にしてくれるもうひとりの傑出した人物は、ティアナのアポロニウス［訳注 ローマの大魔術師と呼ばれていた］です。西暦二年に、ローマ女帝ユリア・ドムナはフィロストラトゥスという書記に、アポロニウスの弟子のダミスが師匠について記した記録をすべて集めるように命じました。ダミスの記録には、並々ならぬ技術力について書かれています。アポロニウスはヒマラヤを訪れ、非凡な能力を持つ聖者に出会ったといいます。聖者らが住む場所は奇妙な霧に包まれていて、かれらを守っていました。霧の外側からはわからないけれど、内側は切り立った坂になっていて、その上に聖者たちはいるのだそうです。あたかもエーテルからバリアのようなものを作っているように聞こえます。こういうことはＵＦＯや異星人のＳＦ小説のようですが、キング博士がコンタクトして得た情報とも共通しています。

ギリシア人のアポロニウスは率直な賢人で、キリスト教が流布しはじめた頃の各地を旅しました。初期のキリスト教徒と同じように、アポロニウスもローマ帝国の怒りに触れ、反逆罪でドミティアヌス帝の前へ引きだされます。そして当時の習慣で、申し開きをするチャンスを与えられますが、アポロニウスは権力の使い方を間違えているとドミティアヌス帝を叱責し、皇帝が死刑を宣告しようとした瞬間、姿を消しました。しばらくのち、彼はギリシアで弟子に教えているとき、いきなり静止して、暴君が死ぬのが見えると叫びました。あとで、それはまさしくドミティアヌス帝が死んだ瞬間だったことがわかったそうです。宇宙のマスターはそういうことができる能力があるとされています。

## アセンテッド・マスター

アセンデッド・マスターはこの地上を歩いて、世界を終末から救うために、私たち人類の行動や意識、究極にはハイヤー・セルフに変わるよう影響を与えるとともに、霊媒を通じて人類にメッセージを届けてくれます。西洋では十九世紀後半に、マダム・ブラバツキーがそれらの偉大な存在の啓示を、はるか遠くから直接受け取る方法を生みだしました。それらのマスターは、聖者マハトマ、エル・モリヤ、マスター・クツミ、そしてもっとも有名なのはマイトレーヤ［訳注　弥勒菩薩］です。のちに同じく先駆的で果敢な精神の持ち主であるアリス・ベイリーが、マダム・ブラバツキーの跡を継ぎました。彼女は地球のスピリチュアル・ヒエラルキーに属する知的存在と交流することができます。この聖なる位階はグレート・ホワイト・ブラザーフッドとしても知られていますが、人種や性別とは関係がなく、白人男性にかぎられているわけではありません。キング博士も、私たちを見守り、助け、より啓かれた世界へとつたない足取りの私たちを導いてくれる高次元の存在であるアセンデッド・マスターとコンタクトして、知識を伝えることができます。

しかし、アセンデッド・マスターとのコンタクトについては、よほど慎重に見きわめなければいけません。UFOの目撃証言に嘘や妄想が多いように――とくに誘拐体験――チャネリングの世界でも同じような問題があります。ファルカネリがヨーロッパで活躍していたのと同じ時代に、アメリカではガイ・バラードという人物が別世界のきわめて特異な体験をしたと言われています。彼はカリフォルニアのシャスタ山に登り、不老不死の賢者であるアセンデッド・マスターのサン・ジェルマン伯爵と会ったといいます。また、宇宙船が山の麓の隠れ場所にあり、そこにはほかのマスターたちも住んでいるのだと彼は言いました。そのコンタクトのあとで彼が起こした〝アイ・アム・ムーブメント〟は、のちにひどい悪評を買うことになりました。しかしUFOの場合と同じように、虚偽や妄想による証言があるからといって真実の証言まで否定することにはなりません。たとえ証言者自身がのちに道を踏み外すことはあっても。火に飛んでくる蛾と同じで、その知識の源がいかに影響力を持つかということを、かれらは示したにすぎないのです。

闇の勢力の介入は、詐欺や妄想よりもはるかに危険です。教会組織によって注意深く助長されている、神秘主義と結びついた闇の力は、宇宙人を敵だと思いこませようとするさまざまな政府組織の試みとは少し違っています。オカルトという言葉が、本来の〝隠された〟という意味から邪悪なものに巧みに転じられたことが、それを如実に語っています。この計画に乗る神秘主義者もいて、二十世紀には邪悪な魔術を行う者と善の魔術を行う者とが共存していました。たとえばダイアン・フォーチュン（訳注　ヘルメス学派の錬金術師）は第二次大戦中に、仲間に呼びかけてナチズムに対抗しようとしましたが、ほかの大勢の魔術師はナチスに協力していたことが知られています。ダイアン・フォーチュンは戦後すぐに白血病で亡くなりましたが、五六歳という若さで命を落としたのは正義感に燃えて無謀にも真っ向から闇の勢力と戦ったせいだろうと考えられています。

だからこそ、神秘主義の世界には秘密を守るという掟があり、それらは隠された《オカルト》教えなのです。その点では、サン・ジェルマン伯爵は急進的と言えます。十八世紀後半から十九世紀のヨーロッパに彼は生き、活動したり旅行したり、みずからが得た力を人前で示し、その力を平和や人道主義や文化の発達のために役立てました。博識で洗練されたスピリチュアルな偉人であり、同じ肉体で何百年も生き続けたサン・ジェルマン伯爵については、今後も詳しく調べる価値があります。この地上にいた人物が、ましてやその人が宇宙からの訪問者であるなら、どんな非凡な能力を持っていたのかについて。

地球外からの訪問者と同様に、アセンデッド・マスターも、カルマの法則で区切られた線を越えることはありません。つまりかれらは信じがたいほど制限を受けているということです。これは悲劇的な逆説です。もっとも悟りを啓いた賢者が、地球ではもっとも制限されているのですから。かれら自身のせいではなく、私たち人間のせいで。かれらは経験というもののはかり知れない価値を、私たちよりもはるかに深く理解しています。私たちが経験するありとあらゆる苦しみという貴い贈り物を、かれらは取りあげたいとは思っていませんし、たとえ取り除いてあげたいと思っても、それは許されないことなのです。

## 神聖な不可侵の法則

私はUFOや地球外生命体について世界各地で講演をしてきましたが、必ず聞かれる質問がひとつあります。「宇宙人が本当にいるなら、なぜ堂々と姿を見せて、自分たちの存在を証明しないのですか?」ここまで読んでくださった方なら理解できると思います。かれらはそうしようと思えばできるのですが、アセンデッド・マスターと同じく、神聖な不可侵の法則に縛られているのです。かれらもまた、経験を最高の贈り物とみなしており、私たちを強制的に変えてしまうと、神からの贈り物を取りあげることになってしまうのです。かれらはまさしくここぞというタイミングで、啓示を与えてくれます。

知的な推論をする人より、神秘主義的な思考をする人のほうが、このような考えを受け入れやすいでしょう。ジャーナリストや科学的な専門家、UFO研究家のこんな発言を、耳にたこができるほど聞きます。「地球外生命体が存在するとしたら、ミステリー・サークルや、わずかな目撃証言や、怪しげなコンタクトなどではなく、全員の前に現れて、政府レベルで正々堂々と話をするはずだ。それをしないのだから、やはり存在しないのだ」この類の議論を心理学で説明する必要はないでしょう。正真正銘のUFOとのコンタクトについてなにも知らない地球の人間が、地球外生命体の取るべき行動を決め、それに従わないから存在しないと決めつける、というのは滑稽千万です。ベーコン学派の原則に従えば、かれらの取るべき行動についてあれこれ考えるより、かれらの存在を示す証拠についで考えるべきなのです。

心理学は必要ないと言いましたが、神秘主義的な説明はもっと不要です。神秘主義者たちは、脳の中で起きていることより、もっと多くのことを知る必要があるとわかっていました。宇宙のマスターやアセンデッド・マスターなどの偉大な存在は、私たちが自身について知るよりはるかに多くを知っています。理性や論理でわからせても、私たちの心や魂は変えられないということを知っています。神秘主義者にとって、魂とのつながりは最も重要です。ヨガの思想では、高次元の自己とコンタクトすると表現されます。人間の心理は異なる行動パターンを決定する複雑なシステムを発達させました。ヨギにとっては、これらはすべて二つの選択肢に集約されます。高次元の自己によるものか、低次元の自己によるものか。たとえば、エゴが強そうに見える人は、自己発展と力を求めているのかもしれませんし、ほかの人々の生活によい変化をもたらしたいと望んでいるのかもしれません、あるいは双方の組み合わせかもしれませんが、主な動機は高次元か低次元か、どちらかによるものです。

マスターたちはこういうことについて、心理学者などよりずっとよくわかっています。なぜなら人間の心理的衝動について知りつくしているからです。そしてまた、学びを終えていない人間の限界を理解できる立場にあります。ある状況ですべきことがわかっているのに実行できなかった、ということがいかに多いことでしょう。西洋ではこれを罪と考えますが、パラマハンサ・ヨガナンダは「決してあきらめないがゆえに聖人はより罪深い」と言いました。

神秘主義の観点では、意識というのは思考や感情のみを指すのではありません。意識は私たちの中のすべてのレベルにおけるエネルギーであり、どんな状況でどう反応するかを決めています。私たちのこの意識の進化ができていないために、アセンデッド・マスターたちは変化が訪れるのを何千年も辛抱強く待たねばなりませんでした。人類全体の意識の準備ができるまで、宇宙のマスターたちは公に姿を現せないのです。しかしかれらを永遠に待たせておくわけにはいきません。なぜならわれわれ人類の準備ができようとできなかろうと、宇宙にはもっと重要な要素があり、生ける知的生命体としての母なる地球も含め、それらの要素が人類に影響を及ぼし、地球外からの訪問者をさらにこの世界に引き寄せているからです。神秘主義者にとって、悟りを啓くとは精神的な能力ではなく、存在そのものの状態を指します。宇宙のマスターが求めているのは、私たちが考えを変えることだけではなく、生き方そのものを変えることであり、そうなることによってかれらはこの地球へより近づくことができるのです。変化が求められています。そしてその変化は私たちが好むと好まざるとにかかわらず、訪れようとしています。

「心の準備のできた者に運は味方する」とルイ・パスツールは言いました。今こそ、心の準備が緊急に求められているのです。神秘主義者や超能力者にならなくとも、思いきった変化を起こさなければ地球の文明が危機にさらされようとしていることは、あなたにもわかるはずです。世界の破滅の意味や原因や、それがいつ訪れるかについてのさまざまな見解がありますが、地球がかつてないほど危険な状態であることは歴然としています。アトランティスやレムリアの時代から、古代文明は多くの神秘主義的文献でそれに言及してきました。われわれは世界中に核兵器をたくさん持っています。一度発明してしまったこの忌まわしい破壊的な武器を、取り消すことはできません。それらが使われてしまったら、生物だけでなく地球そのものも恐ろしい影響を受け、宇宙にも悪影響を及ぼします。このことが一九五〇年代から宇宙人とコンタクトしたとされる人々に共通するテーマであり、宇宙のマスターたちがキング博士を通じて、原子を核分裂させることの恐ろしい危険について警告しつづけてきたのも、不思議ではありません。核兵器を解き放たないようにする唯一の方法は、地球の人類の意識を変えることなのです。

私たちの物質主義的な文明が交信、あるいは教えを学ぶ準備ができていないとしても、地球のスピリチュアル・ヒエラルキーに属する別世界の教師たちは、熱心にそうすることを願っています。何千年も昔からこの地球では、最高の境地に達した神秘主義者たちと、私たち人間の歩みを信じがたいほどの慈愛と忍耐心とで見守っている地球外の存在とのあいだで共同の計画が進められてきました。

闇の力が、宇宙のマスターのメッセージの真実性を、やっきになってゆがめようとしているのはそのためです。地球外の存在を地球上の最高のスピリチュアルな存在たちが心から歓迎するいっぽうで、混乱や破壊や争いを求める邪悪な低次元の存在が反発するのです。そういう闇の存在は容易に人の心に入りこみ、邪悪な宇宙人に誘拐されて不気味な手術をされたなどと信じさせます。宇宙船に連れて行かれてひどい体験をさせられたという記憶を埋めこみ、第三章で述べたように、退行催眠で思いださせたりします。いわゆる誘拐体験はこれで説明できるばかりか、ベッドに寝ていたら気分が悪くなり、三人の黒服の男が部屋に現れたという、アルバート・ベンダーが体験したようなメン・イン・ブラックの例も説明がつきます。体験者は宇宙人やメン・イン・ブラックと遭遇したと信じこんでしまいますが、実際は低次元の邪悪な存在が、UFO論議に混乱を巻き起こそうとしてしたことなのです。これらの闇の勢力は宇宙のマスターの偉大なスピリチュアリティをよくわかっており、それを貶めたいと望んでいます。闇の勢力がもっとも避けたいのは、ニューエイジの平和と悟りがこの地球に訪れることなのです。

UFOや地球外生命体に関係する超常的な体験のすべてが不愉快なものというわけではありません。著名人の体験者で最近もっとも有名なのは、二〇〇九年九月に日本の首相に就任した鳩山由紀夫氏の夫人である鳩山幸《みゆき》さんのケースです。彼女が言うには、一九七〇年のある日、眠っている間に幽体離脱して三角形のUFOに乗り、金星へ旅したということで、なにもかも緑色でとても美しかったと語っています。真相はどうあれ、つねに心を啓いていることは大切ですし、これは明らかに楽しい幽体離脱体験だと言えるでしょう。

神秘主義者であれば、ほかの惑星の生命を理解するには別次元の生命という概念を理解しなければならないと言うでしょう。そうすれば、自分たちが金星や木星に住めないのだからほかの生命も存在できないとか、火星や月に目に見える生き物はいないから生命は存在しないという考え方からは解放されます。十八世紀の啓蒙運動の中で生きた詩人のウィリアム・ブレイクは、今日ではチャネリングと呼ばれる行為をしていることをはばからず、卓越した文学作品のいくつかはそのおかげだと公言していました。この世界で得られるよりもはるかにたくさんの彼の作品が天界にはふんだんに存在するのだと彼は言いました。すでに世を去った人や、肉体を捨てて生き続けている人に会うには、霊視能力が必要です。では、ほかの惑星の高度に進化した種族が住む高次元の世界を見るには、どれほどの霊視力が必要なのでしょうか。それはそこに住んでいる存在があなたに姿を見せることを望み、かれらを見えなくしている覆いをはずせばいいのです。

## 高次元の知的生命体

宇宙のマスターを理解するには、歴史を通じて私たちとともにありつづけてきた神秘主義の法則についてよく知らなければなりません。地球外からの訪問者について本当に理解したいなら、常識にとらわれず、行き当たりばったりの遭遇体験などにふりまわされず、地球外生命体と正真正銘の交信ができる、由緒ある神秘主義の情報源を探すべきです。そういう神秘主義者のひとりはスウェーデンの科学者で、哲学者でもあるエマニュエル・スウェーデンボリ（一六八八―一七七二）です。彼は科学的な発明と文化的貢献で高く評価されている大変魅力的な人物です。ルネッサンス後期に生まれ、宇宙論、自然科学、工学、数学、化学、冶金学など専門は多岐にわたり、あらゆることを哲学的にとらえ、広く名を知られるようになりました。貴族院議員としてスウェーデンの国会でも活躍し、スウェーデン王立科学院の学会員でもありました。

五十代半ばにスウェーデンボリは深いスピリチュアルな覚醒を体験し、今日知られているチャネリングと幽体離脱ができるようになりました。彼の晩年の著作『Earths in the Universe（仮邦題宇宙の中の地球）』は、その時代としては異例のものでした。この本の中で、彼は水星や木星、火星、土星、金星などのほかの惑星のスピリットと交信できるようになったと書いています。晩年になって可能になったと彼が信じていたある種のコミュニケーションについて、興味深く書かれています。

**主の聖なる慈悲により、私のスピリットである内面が開かれ、この地球のスピリットや天使だけでなく、ほかの星の存在とも話ができるようになった。私は以前からほかにも地球のような星があるのか、その星の様子や住人はどんなふうなのか、熱烈に知りたいと願っていたので、それらの星のスピリットや天使と交信できるように主がはからってくださったのだ。一日、あるいは一週間、ときには数ヵ月にわたり、それらのスピリットは私に、かれらの星の生活習慣や宗教や注目に値するさまざまなことを教えてくれた。このような方法で知る力を与えられたのだから、私が見たり聞いたりしたことを話してもよいと思う。すべてのスピリットや天使は人間から生じ、それぞれの星でその星のものとなじみ、人間の内面がじゅうぶんに開かれていれば、かれらスピリットと語り、ともに過ごし、導きを得ることができる。なぜなら人間の本質はスピリットであり、内面ではかれらスピリットとともにあるからだ。だから主によって内面が開かれている者は、人間同士のようにスピリットと話すことができる。私がこの特権を日々楽しめるようになって十二年になる。**

**地球のような星がたくさんあり、それぞれに住人がいて、スピリットや天使がいることは、**

**別次元の世界ではとてもよく知られている。その別次元の世界では、誰もが真実の愛によって生き、ほかの星のスピリットと話ができるので、世界がたくさんあり、人間がこの地球だけでなく、ほかのたくさんの星にいることや、自分たちがどれほど優れた生命であるかということや、自分たちが崇めている神についてはっきりわかっている。**

十八世紀の高名な学者が書いた本としては驚くべき内容です。ここではスピリットや天使は人間から生じた、とありますが、かれらが人間に似た姿をしているという意味だと私は思います。このことは、現代の地球外生命体とコンタクトした人々の話と符合します。また、高次元のスピリットと交信するには、彼が言うところの〝内面〟が開かれていなければならないという点も意義深く、神秘主義の伝統とも一致しています。このことに関して、彼は火星のスピリットとのコミュニケーションについて書いた章で、さらにくわしく述べています。それらの存在を、彼は〝この地上の最古の教会の神々とよく似た天界の人々〟と説明しています。これはアセンデッド・マスターと宇宙のマスターの区切りを指しているのでしょうか？　火星のスピリットのチャネリングに関する彼の記述は、折り紙付きの信憑性があり、受け取る側の偽りのない印象が書かれています。

**スピリットはやってきて、私の額の左側にささやきかけるが、私には理解できない。とてもかすかなささやきだからだ。ごくかすかな微風のように。スピリットは最初は額の左に息を吹きかけ、次に左耳の上、さらに左目、そして右目に移り、今度は左目から唇のほうへ下がっていき、唇から口の中へ入り、耳管を通って脳へ入る。ささやきが脳に達すると、私にはかれらの言葉がわかり、話ができるようになる。かれらと話している時、私の唇や舌が内面の言葉につられて動くのがわかる。声に出して話すときは、発音された音が耳**

の鼓膜にひびいて、耳の中の小さな器官によって脳へと伝わるのだ。

二十五年間以上もチャネリングを数多くしてきた者として、アセンデッド・マスターや宇宙存在と直接交信するような高等なものではありませんでしたが、ここに記されていることには真実の響きがあると私には思えます。キング博士から教わった原則のひとつは、霊媒師のチャネリング能力は、その霊媒師のスピリチュアルな悟りのレベルによる、というものです。内面が開かれているかどうか、とスウェーデンボリが書いているのはこのことでしょう。霊媒師として優れていても、内面が開かれていなければ、ほかの惑星はおろか、この地球の高次元の高度に進化した存在からメッセージを受け取ることはできないのです。ただの霊媒師は亡くなった伯母さんからのメッセージを伝えることができるかもしれませんが、高次元にいる歴史上の偉人や聖者のメッセージを受け取ることはできません。いっぽう、スピリチュアルな進化を遂げた人であっても、チャネリングの能力が発達していなければ、高次元の存在のメッセージを受け取ることはできません。

スウェーデンボリが言うところの、太陽系から来たスピリット――高次元の波動を持つ知的存在――とのコンタクト体験は、急進的できわめて重要なものであったと、私は信じます。しかし彼は驚くべき精神能力を持つ傑出した人物でしたが、彼がチャネリングしたメッセージが正確なものであったとは、必ずしも言えません。それでも彼は神秘主義的な進化を遂げることによって、高次元の存在からメッセージを受け取ることができるという重要な事実を示してくれました。それから何百年もすぎた現代で、宇宙のマスターからきわめて正確なメッセージを受け取った霊媒師、それがキング博士です。

第八章

# 地球上の第一のチャネル

「心の準備をせよ！　あなたは宇宙議会の代弁者となるのだ」

マスター・エセリアス

## 史上最悪の原発事故で

一九八六年四月二十五日の早朝、私はアリゾナ州のパウエル湖を一望できる美しいホテルで目覚めました。キング博士の率いるチームに加わり、地球外生命体と協力して〈土星ミッション〉を進めているときのことでした。朝食後、私がキング博士の部屋へ呼ばれて一緒にいたとき、博士は宇宙の交信相手からメッセージを受け取りました。地元時間で午前九時半でした。

このとき、キング博士は衛星三号と呼ばれる宇宙船から、地球にスピリチュアル・パワーを送るために、ロサンゼルスの〈エセリアス・ソサエティ〉本部の放射装置を起動するよう指示を受けました。これは協会のスピリチュアル・エネルギー放射装置が受けたもっとも長時間の集中力を要する緊急指令で、その時点ですでに三十分前（ロサンゼルス時刻の午前九時）から行われていました。四時間と二十三分後、ロサンゼルス時刻の一時二十三分、モスクワでは四月二十六日の午前一時二十三分に、原子炉施設の屋根や壁が吹き飛ぶほどのものすごい爆発が起きました。現在、事故の起きた場所の名前からチェルノブイリ事故と呼ばれている、史上最悪の原発事故が起きたのは、キング博士が宇宙の存在から緊急の警告を受け取った四時間二十三分後のことだったのです。

第二章で述べたソ連の核爆発事故の場合と異なり、メッセージを送ってきた宇宙存在は事故の場所や深刻度について詳しいことは明かしませんでした。一九五八年の事故では、情報は起きたあとで与えられました。一九八六年の場合は、情報を与えるよりはるかに重要なことが行われました。すなわち、これから起こる事故の被害を軽減する活動が事前に実行されていたのです。スピリチュアル・エネルギー放射装置を用いた活動は、四月二十九日まで数日間にわたって続けられました。この装置は、衛星三号が送ってくるエネルギーを受け取り、人類を救うために放射することができます。

奇妙で信じがたいことに聞こえるのは承知しています。しかし繰り返しになりますが、いくら信じなくても、それが事実であることを否定はできないのです。その後の事実がおのずと物語ってくれるでしょう。チェルノブイリ事故は、はるかに大惨事になっていたはずだというのが、大多数の意見でした。一九八六年七月刊の、エセリアス・ソサエティの会報誌〈コスミック・ヴォイス〉に、今回の緊急活動は原発事故の被害を軽減するために行われたと書かれています。

**宇宙のマスターから衝撃的な出来事を予告された地球上の第一のチャネルは、スピリチュアル・エネルギー放射装置と、土星ミッションの装置を用いて、この世界に類を見ない高い波動の、環境を安定させ、命を救うスピリチュアル・エネルギーを放射した。**

事故が起きた数ヶ月後に会報誌にこの記事を載せたほか、私たちはその後もメディアや公開の場で声を大にして、この緊急活動の非凡なタイミングについて訴えました。ソ連がこの事故を認めたのは四月二十八日で、しかもスウェーデンで放射能が検出されたからでした。その頃には、キング博士のリーダーシップのもとに〈エセリアス・ソサエティ〉ではすでに数日間にわたり、宇宙のマスターと直接協力して活動を進めていたのです。

その十六年後の二〇〇二年九月十六日、ロシアの共産党中央委員会の機関誌『プラウダ』に驚くべき記事が載りました。一九八六年四月二十六日のチェルノブイリの爆発は甚大だったが、幸いにも熱爆発だけですんだ。第四号機は蒸気爆発を起こしたが、核爆発はなかった。その時点で、原子炉には最大で百八十トンの濃縮ウランがあり、大爆発が起きたら、ヨーロッパの半分は地図から消えていただろう、と書かれていました。さらに驚くことに、『プラウダ』のその記事には、この幸運はＵＦＯのおかげであり、チェルノブイリ原発所の第四号機の上を六時間にわたって飛ぶＵＦＯを何百人ものの人が目撃したと書かれていたのです。目撃者の話では、直径六メートルぐらいの火の玉が空をゆっくりと飛んでいるように見えたそうです。その物体は三百メートルぐらいのところから、四号機に向けて二本の赤い光線を放射していたということで、三分間ぐらいするとUFOは光線を放射するのをやめて北西の方角へ飛んでいったそうです。UFOが四分の一程度にまで放射線のレベルを下げてくれたおかげで、核爆発が避けられたと『プラウダ』の記事は結論しています。さらに宇宙人は地球の環境を心配しており、今回のことに関して、かれらの懸念は完璧に正しかったと書かれていました。

これは宇宙のマスターがどのように働きかけるか、ということの一例です。正真正銘のチャネルであるキング博士とコミュニケーションを取り、危機感を持って行動するこの世界の人々と協力することで、カルマを人類全体のために操作するのです。そのことにより、かれら高次元の存在は人間界の出来事により直接的に介入できるようになり、今回のように実際起きていたはずのはるかに甚大な惨事から多くの人の命と環境を救うことができたのです。チェルノブイリ事故では多くの悲劇的な犠牲者が出ましたが、地球外生命体の介入説を頑として認めようとしなかったもっとも保守的な論評家でさえ、世界的な影響は全体としてとても小さかったと認めています。

## キング博士という人物

では、どのようにしてジョージ・キング博士は、地球外からの訪問者のチャネルという非凡な役目を担うことになったのでしょうか？　ジョージは一九一九年一月二十三日に、イギリス、シュロップシャー州のリリーズホールという小さな村にある祖母の家で生まれました。そのとき、祖母はジョージの母親のメアリーに、この子はこの世の者ではないよ、と言ったそうです。祖母自身が大変に有能な霊能力者であったので、その予言はとても意義深いものでした。ジョージの父親は学校教師で、地元の農家の帳簿つけを手伝うなど会計士のアルバイトもして家計を支えていました。母親も霊視能力があり、家を改装して売る仕事をしていました。ジョージと両親と妹のモリーのキング一家は、改装しているあいだはそれらの家で暮らし、幼い頃はイギリスの地方をあちこち移り住む生活だったということです。その当時のことはあまり楽しい思い出ではないようですが、博士は自分が暮らしたさまざまな土地のことを細部までよく覚えていました。博士に同行してイギリスのあちこちへ旅するなかで、西部から北部にいたるまで博士がイギリスのさまざまな土地の習慣をよく知っていることを痛感しました。もちろん、二十代から三十代にかけて暮らしていたロンドンについても。

若い頃の彼はとにかくスピリチュアルな事柄に熱烈な関心を抱いていました。その点では幸運にも母や祖母の導きがありました。祖母は、大蔵大臣を務めたのちに首相になったロイド・ジョージのお抱え霊媒師でもあったそうです。キング博士は十一歳のときに驚くべき体験をします。母親がずっと病気で、ある晩ひどく状態が悪化しました。医者が手を尽くして帰っていったあと、少年だった博士は嵐の夜にもかかわらず、どうしても森へ行きたいと感じました。森へ着くと、両手を上げて全身全霊で祈りました。祈っていると、急に風が止んで静かになったように思えました。すると真っ白な光が差し、虹色の卵形の光の中から輝く人物が現れ、お母さんはもうよくなったから家に帰りなさい、と告げました。その光り輝く人は現れたときと同じく、瞬く間に消えてしまい、少年が家に駆け戻ってみると、母親は元気になっていたのです。

英国国教会を信仰する家庭で育った博士は、ほどなくして人生のより深い意味を知りたいと感じるようになりました。一時期は熱心なクエーカー教徒になり、その信念のもとに、二十歳のときに第二次世界大戦が勃発した際、戦争反対を真剣に訴えました。戦争は彼だけでなく、その時代に青春期を過ごしたすべての若者の人生に影響を及ぼしました。ジョージは若くして兵役を逃れたことに満足したりせず、消防隊に入って、ロンドン大空襲のあいだは地区隊長を務めました。戦禍の町で身を挺して救出活動に奔走するその姿勢は、その後の人生においても一貫していました。戦場で人を殺すのはいやでしたが、救難活動においては、火事の中に飛びこんで人を助けることもいといませんでした。

戦争の影響で、スピリチュアルな事柄にいっそう興味を引かれるようになりました。多くの無駄な死を目にし、持ち前のリーダーシップと、霊視力で、がれきの下の人々を捜し当て、仲間の隊員たちを的確に導きました。しかし霊能力だけでは飽きたらず、人生の真の意味を知り、魂の目的を最大限に果たしたいと願っていました。そして経済的に疲弊しつつ戦後の喜びに沸くロンドンの街で、ジョージ・キングはヨガの思想と修行という当時は誰も知らなかった世界に入っていきます。

今日では、何百万もの人がヨガを実践しています。体や心、そしてごくまれには魂の改善を願って。残念ながらほとんどの人はエクササイズの一種と考えており、自己啓発のための完璧な科学という本来の目的を知りません。ヨガという言葉の意味は、神あるいは自分の内側の神聖な自己とひとつになることを指します。キング博士はハタ・ヨガのアーサナ修行を行いましたが、深い森の奥や人目につかない洞窟でこれらの修行をするヨガ行者と同じように、それはバクティ（献身）、ラージャ（心と体のコントロール）、グナニ（知恵）などのもっと進んだ奥深い修行のために体を整えるのが目的でした。当時、ラージャやグナニの修行に彼は深く魅了されました。毎日八時間、十年以上ものあいだ、西洋の信徒が知りうるかぎりの高等な修行をつづけ、初心者には大変危険とされるクンダリーニ・ヨガも行いました。彼は全身全霊をかけて修行に打ち込み、形而上学や神秘主義を学んだ私が知るかぎり、ヨガ行者としては西洋で随一だと断言できます。東洋ではこれほど厳しい行者は世間とのつながりを断つものです。ロンドンのウォータールー駅のような騒がしい場所で働きながら、たった一人で厳しい修行をつづける者などいないでしょう。

当時の保守的なイギリスでは、いい若者がヨガのような怪しいことをするなどもってのほかでしたが、内側の衝動にしたがう啓かれた心の持ち主であったキング博士は決してやめようとはしませんでした。私はその時期の博士の様子について、妹さんのモリーに話を聞いたことがあります。彼女もロンドンで暮らしており、劇場の仕事でとても成功していました。兄は一夜で変わったと彼女は言いました。自分はいつかアメリカへ行く、その日までにヨガの修行を完璧にしなければいけないのだ、と彼は言ったそうです。その決意はあまりに固く、はじめは反対していた家族や親戚もやがて心を動かされ、いろいろな講義や授業や西洋でも簡単に手に入るようになりつつあった書籍で学びをつづけ、年ごとにより高等な修行を進めていきました。

生活のために博士はタクシーの運転手として働き、足りない分はアルバイトをしていました。乗客に尋ねられると、大学の学費のために働いていると答えていました。どこの大学かと聞かれれば、「人生の大学です」と答えていたそうです。なぜタクシーの運転手ごときが、地球上の第一のチャネルに選ばれたのか、と問う人々もいます。しかしそれは社会的にも知的にも高慢で愚かな問いではないでしょうか。なぜ大工ごときが神の子、すなわち主イエスなのか、あるいはただの牛飼いが、この世に偉大な教えをもたらした聖クリシュナなのか、と問うのと同じことです。実際、クリシュナも運転手でした。こちらは馬車ですが。しかし彼がアルジュナに与えた画期的な哲学は、『バガヴァッド・ギーター』として記され、そのスピリチュアルな教えは何世紀も語り継がれてきたのです。

この時期、キング博士が進めていたのはサンスクリット語のマントラを唱えるという古代の素晴らしい修行でした。そして長年つづけるうちに非常に熟達しました。声に出し、あるいは心の中で、そして魂の奥深くで唱えるマントラは、彼自身を変容させただけでなく、まわりの環境も変えていきました。もうひとつ、中心に据えていた修行はプラーナヤマ、つまりヨガの呼吸法で、古代のムドラ（チベット仏教の手のかまえ）を用いて、長時間行いました。やがてクンダリーニという、蛇の力とも呼ばれる神秘的な力が上昇しはじめ、サイキック・センターであるチャクラが目覚め、偉大な力が引きだせるようになりました。

博士の話してくれた面白いエピソードのひとつは、ロンドンのメイダ・ヴェールの小さなアパートに住んでいた頃、空中浮揚をした経験です。その当時の若者の習慣で、博士もヘアクリームをつけていました。あるとき、修行の最中に体が浮かび、天井に頭がついて油の染みが残ってしまいました。大家の女性が見とがめて、どうしてあんな高いところに染みがついたのかと尋ねました。博士は本当のことを話し、いつものように仕事に出かけました。帰ってくると、大家さんが階段に腰かけて待っていて、どうやって空中浮揚をしたのかと熱心に尋ねてきたそうです。どうせ作り話だろうと信じない人もいますが、東洋では長年行われてきた修行です。

この話を誰も信じなかろうと、博士は気にしなかったでしょう。そういう力を持つことよりも、内的な悟りと知恵を得るほうがはるかに重要だったからです。けれども人のために癒しの力は活用していました。霊媒師としても、スピリチュアルな集団といささか考えの相違はあったものの、協力して活動していました。たとえば、亡くなった家族とずっと一緒にいたいからといってあまり長いあいだ降霊させることには不賛成でした。あくまで依頼者を癒し、守るために、〝向こう側の人々〟と交流するのだと考えていました。博士のガイド、あるいは交信相手のひとりに、グレー・フォックスという名前の、とても立派な体格のネイティブ・アメリカンの霊がいて、彼が降霊しているときは博士も力がみなぎります。もうひとりはジェイムズ・ヤング・シンプソンという医師の霊で、もうひとりは第六章で挙げたオリバー・ロッジ卿です。この時期のもっとも傑出していたガイドは、チャン・フーという名のチベットの高僧でしょう。彼はきわめて特異な死に方をしました。二年間の深い瞑想に入っていたところ、モンゴル民族が来て、彼を見つけました。死んでいるものと思い、高僧だとわかったので、丁重に火葬にしました。そのため、肉体に戻れなくなってしまったのです。体が人に見つかることを予測していなかった自分の過ちだと、彼は認めていました。これは東洋の高尚な神秘主義者の卓越した幽体離脱の実例と言えます。彼は悟りを求めて肉体を離れ、高い次元に行くことを選んだのです。

これらすべてのことは、ジョージ・キングが地球上の第一のチャネルとなるための準備だったのです。宇宙のマスターから直接チャネリングできるレベルに達するには、厳しいヨガの修行が必要でした。そういう厳格な鍛錬によって、正しい情報だけを選んで受け取るための集中力が養われたのです。それに加えて、スピリチュアル的にきわめて高いレベルに達することも彼にとっては不可欠であり、それもまた自らに課した厳しい修行によって達成できました。このふたつの能力が合わさって、キング博士は容易に入ることのできないサマディという、もっとも深い瞑想状態に、いつでも入れるようになったのです。

## 博士の重大な使命

現代社会の判断基準はなんとお粗末なことでしょう。たとえば、私たちは初期のキリスト教が名もなきごく小集団の教えだったことを忘れがちです。イエスがエルサレムへ行き、十字架にかけられるとき、ユダが頬にキスをしてこの人だと教えるよう求められたのは、誰もイエスの顔を知らなかったからです。信者はごくわずかで、コンスタンティヌス帝が公認するまで、何百年も異教のひとつでしかありませんでした。百五十年前のイギリス国民にパルマーストンとカニングとウィルバーフォースのうちで誰が歴史に名を残すかと尋ねたら、唯一首相にならなかったウィルバーフォースはリストの最下位だったでしょう。今日では、ウィルバーフォースは奴隷制度廃止運動で有名ですが、当時の人々からはひいき目に見ても変人の慈善活動とみなされていました。メディアやインターネットやさまざまな出版物で世界中の何百万人もの人が、キング博士が受け取った宇宙からの指令（第二章を参照）のことを知っていますが、まだまだこの時代の中心的出来事として認められるにはほど遠い現状です。現代史上におけるもっとも意義深い地球外生命体との接触体験であるにもかかわらず。

大胆な発言だと思われるでしょうか？　目に見える確かな証拠は多くはありませんが、ロシアの二度の原発事故のときの例だけでじゅうぶんだと私は考えています。それより大切なのは、一九五四年の五月にキング博士が宇宙の存在から自分の未来の役割を教えられたときの、そのあふれる英知と世界救済の計画のほうであると思います。当時のキング博士はUFOに特別な関心はありませんでした。自分の職分はヨガとヒーリングとさまざまなスピリチュアルな修養であると考えていたのです。だからその出来事はまさに青天の霹靂であり、まったくの方向転換でした。歴史を通じて神秘主義や宗教の書物には偉大な出来事や秘儀参入のことが書かれてきましたが、ごくふつうの状況で――二十世紀のロンドンの小さなアパートで――容易に変人とみなされかねないふつうの男性に、そんなことが起きるとは、おいそれと信じがたいことでしょう。疑うのも無理はありません。私自身も慎重に吟味していろいろな証言を否定してきましたが、この場合に限っては幸運なことに、キング博士をよく知っており、個人的な経験から博士はみずからの言葉にたがわぬ人物であるとわかっていたのです。


人生を一変させる出来事からまもなく、博士は予告どおりにロンドンのヨガ・スクールから手紙をもらい、授業を受けて、プラーナヤマを中心に修行をして、それまで以上に将来の役目にそなえて自身の準備をしました。そしてマスター・エセリアスやほかの宇宙のマスターに波長を合わせて、テレパシーでメッセージを受け取るすべを学びました。博士の役割は、もっとも信憑性のあるUFOの専門家になることではなく、地球外生命体のメッセージと、私たちの地球に対する宇宙的計画のスピリチュアルな側面について伝えることです。それが彼の重大な使命となったのです。

地球外生命体のメッセージを受け取るために、博士はサマディック・トランスとして知られる状態に入ります。ラージャ・ヨガ［訳注　瞑想によって悟りと解放を得ようとするヨガの一派］の生みの親であるスリ・パタンジャリの古代の金言によれば、サマディとは心を越えた存在とひとつになる瞑想の最高の境地だそうです。それは魂の意識の状態、瞑想者のスピリチュアルな自己が存在のあらゆるレベルで放たれる状態です。言葉ではとても言いつくせない素晴らしい体験としてさまざまな書物に書かれている、このどんな喜びにもまさる至福、すべての生命とひとつになる境地に浸るために、博士はサマディに入るのではありません。もっとはるかに高潔で無私の目的のためです。博士がサマディに入るのは、私たちより限りなく高いレベルに存在する宇宙の生命体と交信し、かれらの教えを地球に伝えるためなのです。

博士はいかなるときも完璧にコントロールしてこの状態に入ることができ、光線のように放射される思考を受け取り、脳で言葉に翻訳することができます。もしドイツ人やフランス人であればその言語に翻訳されるでしょうが、博士はイギリス人なので、宇宙のメッセージは英語になります。博士の口から出てきた言葉はテープに録音されます。豊かな教え、哲学、科学的新事実であるそれらのメッセージのいくつかは、文字に起こして大切に保存してあります。偉大な真実がこの世界に伝えられ、後世のためにアメリカとイギリスの保管庫にしまってあるのです。この中からいくつかを選んで第九章に載せてあるので、ご自身の目でその素晴らしさと意義を確かめてください。

キング博士はこのほかにも、チェルノブイリの事故のときのように、べつの方法でメッセージを受け取ることがありました。これらは心に訴えかけるもので、深いサマディ瞑想に入らなくても、宇宙の知的存在からメッセージを受け取り、それを書き留めたり、言葉にしてテープに録音することができます。宇宙のマスターからの時代を超えたインパクトのあるメッセージは、博士が異なる声で伝えますが、心に訴えるメッセージの場合はそれがありません。宇宙のマスターからのメッセージのときは、何十年も変わらない特定の伝達者の声で語られます。どんな巧みな役者でもそんな芸当はできないだろうと思いますし、キング博士は役者としての訓練はまったくしていません。言葉で表現できないほど美しい声もあれば、朗々と響く声、地球の発音を真似た風変わりな声のときもあります。これらの声をテープやCDで聞くと、たんなる情報としてではなく、それぞれの伝達者の声の抑揚や言葉にこめられた感情を味わうことができます。

心に訴えるメッセージは、博士にとっても受け取りやすく、安全でもありました。博士が心でメッセージを受け取る場に私も何度か居あわせたことがあり、地球外生命体とコンタクトしている博士と同じ部屋にいることを光栄に感じたものでした。博士のそれらの体験は正真正銘の本物であると誓って言えます。博士が宇宙からのメッセージを受けているときに居あわせた人はほかにもいます。実際、初期の頃は、ロンドンのウェストミンスターにあるキャクストン・ホールや、アメリカをはじめとする世界各地の会場で、何百人もの聴衆を前に、〝ライブ〟でコンタクトしていました。その当時、大勢の前で受け取っていたメッセージは、次にいつUFOが現れるかを予告するものでした。それらの宇宙の伝達者の存在を証明するように、あとでその日にUFOを目撃したという情報がまったく無関係の人々から寄せられました。以下に、確証が得られた数多くの予告の一例を挙げます。

**「ニュージーランドのアンティポディーズ諸島上空に、七月七日、八日、九日にわたってUFOが現れる。あなたがたが母船と呼ぶものが、オーストラリアとニュージーランドで見られるだろう」**

これは一九五六年六月三十日に、キャクストン・ホールでマスター・エセリアスによって伝えられた予告です。そして以下のように確証されました。

『サンデー・テレグラフ』シドニー、一九五六年七月八日
〝オーストラリア空軍、シドニーでUFOを追跡〟

昨日、オーストラリア空軍の飛行機が、未確認飛行物体に関する二件の情報を確認するため、シドニー北部へ向かったが、なにも発見できなかった。空軍はクレルモンのロイド・アベニュー在住のミスター・アラン・ライトの情報により出動した。

ミスター・ライトが『サンデー・テレグラフ』紙に語ったところによると、彼はほかのクレルモンの住民とともに、空に浮かぶ奇妙な物体をふたつ目撃したということだ。ミスター・ライトは第二次世界大戦中、空軍のレーダー・オペレーターだった。

「物体は金属的な外観で、まぶしく光っていました」と彼は語る。「正午から午後一時のあいだに、およそ二千フィートの上空に、ほとんど静止した状態で浮かんでいました。物体は一時間ほど姿を消し、二時十分頃、ふたたび一機が現れました。飛行機や気象探測気球ではありません。そういうのは見慣れていますから」

## ミッション遂行

しかしキング博士の人生の目的は教えを伝えるだけにとどまりませんでした。はじめから宇宙のマスターのチャネルになっただけでなく、代理人となったのです。そして宇宙のマスターの指示のもとで、地球全体のための一連のミッションに乗りだしました。いくつかのミッションにおいては、宇宙の許可を得て、扇動者の役割も果たしました。

ウィリアム・ブレイクが「人と山とが出会う時、大いなることがなされる」と書いたのは、キング博士が宇宙のマスターのために行った初期のミッションを予告していたのかもしれません。このミッションは〈オペレーション・スターライト〉と呼ばれ、一九五八年七月から一九六一年八月にかけて行われました。この世界を変えるミッションはキング博士の肉体的な力と同時にスピリチュアルな能力を必要とし、みずからがチャネルとなって世界各地の選ばれた山に宇宙エネルギーを注ぎ、これらのニューエイジのバッテリーから人類に無尽蔵のスピリチュアル・パワーを提供するというものです。

三年と一ヵ月にわたり、キング博士と未経験の登山者からなるごく少数の献身的なチームはミッションを遂行し、以下に挙げる山々は宇宙エネルギーをじゅうぶんにチャージされました。

イギリス

ホールドストーン・ダウン、ブラウン・ウィリー、ベン・ホープ、クレイグ・アン・リース・チェイン、ジ・オールド・マン・オブ・コニストン、ペン・イ・ファン、カルネズ・スリウェリン、キンダースカウト、イエス・トア

アメリカ

ボールディ山、タラック山、アダムズ山、キャッスル・ピーク

オーストラリア

コジウスコ山、ラムズヘッド山

ニュージーランド

ウェイクフィールド山
タンザニア
キリマンジャロ山
スイス
メデルゲール・フルーエ
フランス
ニ・デーグル

キリマンジャロは場所と標高から登山が難しく、キング博士が登ってチャネルの役割を果たすことなく、地球のスピリチュアル・ヒエラルキーのメンバーがエネルギーをチャージしてくれました。それでもたったひとりで十九の聖なる山のうちの十八か所で、チャネルとして身を捧げたことは、驚くべき貢献だと思います。これらの聖なる山の頂上で祈りを捧げれば、誰でも世界にとてつもない量のエネルギーを送ることができます。キング博士はこのミッションの最中に、一九五五年に設立した〈エセリアス・ソサエティ〉の活動拠点をロサンゼルスに移し、一九六〇年十一月二十二日に非営利団体として法人化しました。協会の活動は今もイギリスで行われていると同時に、世界へと広がりつづけています。

キング博士はまた、水に関するミッションも展開していました。最初の〝オペレーション・ブルーウォーター〟というミッションは、地球のサイキック・センターであるカリフォルニアのニューポート・ビーチの海で行われました。それは人類の悪い思考や行動によって乱されたスピリチュアル・エネルギーにバランスを取り戻そうとするもので、そのために、宇宙のマスターからサイキック・センターに送られてくる生命エネルギーを伝えるのに必要な、特別な機械装置を考案することになりました。博士ひとりでこの装置をデザインして制作し、完璧に使えるようにするのは、並大抵のことではありませんでした。装置が完成すると、今度は霊媒師としての博士の能力がミッションの四つの段階で必要となります。ミッションは一九六三年七月十一日から一九六四年十一月二十九日まで、宇宙の知的存在とつながったままのキング博士が、ボートを操縦しながら行いました。

その頃、キング博士は衛星三号と協力してある装置を開発しました。博士は地球の軌道をまわるこの巨大な宇宙船について、地球外生命体とコンタクトを取りはじめた当初から、詳しく情報を受け取っていました。最初の接近は一九五五年五月二十八日でした。火星セクター6として知られる宇宙のマスターのコントロールにより、宇宙船衛星三号は、すべてのスピリチュアルな行為のカルマの力を強める特殊なエネルギーを送ってきます。その期間に他者への奉仕の行いをすると、スピリチュアルな進化が三千倍も速く進みます。これは人にヒーリングを施した場合に三千倍速く治るということではなく、スピリチュアルな行いが、世界の良いカルマを通常より三千倍積めるという意味です。人種や階級や信仰に関わりなく、誰でもこの偉大なパワーを受け取ることができます。〈エセリアス・ソサエティ〉の会員にならなくても、衛星三号の存在を信じていなくても、使われるのを待っているこのエネルギーを自由に活用できます。ただ苦しんでいる人々を助けたいという気持ちさえあればいいのです。

## 衛星三号と幽体離脱

この空に浮かぶ光の神殿、衛星三号は、年に四回地球に接近します。四月十八日から五月二十三日、七月五日から八月五日、九月三日から十月九日、十一月四日から十二月十日の、それぞれ真夜中から真夜中までです。スピリチュアルな進化の後押しをしてもらっているこの特別な期間にスピリチュアルな行いをすると、はっきりした違いやいつもよりすごいパワーを感じると多くの人が言っています。

スピリチュアルな後押しをしてくれるエネルギーを受け取る装置と合わせて、キング博士は現在スピリチュアル・エネルギー放射器と呼ばれている装置も考案し、イギリスとアメリカで作動させています。チェルノブイリ事故のときはこの装置が大変活躍しました。現在、このスピリチュアル・エネルギー放射器は五台あります。イギリスに二台、ロンドンとバーンズリーに。アメリカに二台、ロサンゼルスとミシガンに。そしてニュージーランドのオークランドに一台あります。

コミュニケーション・チャネルであったキング博士に代わる人物がいない今も、衛星三号との直接の協力関係はつづいています。キング博士は物理的には宇宙船に乗ったことはありませんが、幽体離脱した状態では何度かあるそうで、衛星三号に乗ったときの様子が、博士自身の言葉で残されています。

**深い瞑想状態で至上の法悦に浸り、創造的な声に耳を傾けていると、次の瞬間、目もくらむ閃光とともに、輝かしき自由を感じた。**
**私はつかの宙を漂い、椅子の上でぐったりと前に倒れ、息もせず動かないまま冷たくなっ**

ていく哀れな自分の体を見おろしていた。次の瞬間には街の上にいて、あっと思う間もなく一五〇〇マイルの上空を飛び、巨大な物体の前に着いた。

衛星三号は外から見ると巨大な卵のようだ。大きさは縦が一・六キロ、横が八千メートルぐらいだろうか。宙に浮かぶ神殿のごとき宇宙船のまわりには、貫通できないスクリーンが張り巡らされている。しかし衛星三号に近づいてみると、スクリーンの中の動きが感じられた。パワーがゆらぎ、緑色に光るスクリーンに青いトンネルのような入り口ができ、私はそこを通った。背後でドアが音もなく閉まった。

私は衛星三号の中にいた。

そこはとても広い部屋で、膨大な数の美しくデザインされた機器が並んでいた。部屋全体に、地球のどんな光より美しい、柔らかで精妙な光輝があふれている。部屋に漂うそこはかとない魅惑的な香りは、肉体の感覚では感じられないが、エーテル体では感じられる。この香りはエネルギーであり、集中すると地球でサマディと呼ばれる深いトランス状態をもたらすことができる。私はこの香りのエネルギーに集中しようとしたわけではなかったが、その香りに心が浄められる心地がした。ドーム状の天井の中央に大きな円い窓があった。その窓は純粋な水晶でできており、地球のガラスのような傷が一切なく、そのため視界がぼやけることもない。その水晶の窓は、太陽光線やほかの惑星からの電磁波を自由に通すことができるが、紫色の宇宙に燦然と輝くそれらの電磁波を地球から見ることはできない。大きな水晶の窓はフィルターとなり、太陽光線や電磁波を選択して、ある種のエネルギーをチャージしている。衛星のオペレーターが選ぶ光線の種類によって、水晶は淡いローズ・ピンクやきらめく紫に色が変わる。大きな水晶の窓の下に、三つの大きなプリズムがあり、太陽光線のスペクトルを断ち切り、七色にしている。それぞれの色は、べつの大きな水晶によってさらに七つの色あいに分かれており、私は目を引きつけられた。この大きな卵形の水晶体は九十メートルくらいの高さで、重さはどれぐらいかわからないが、重力の法則を無視して、宙に浮いていた。そしてそれを取り巻くように、たくさんのさまざまな形の水晶が隊をなし、上から下へ楕円の軌道を描いて、ゆっくりとまわっている。それらは大きな卵形の水晶のてっぺんを越えて巨大なドーム形の天井までいくと、今度は下へ戻ってきて巨大な卵と輝く金属の床のあいだをめぐっていく。巨大な水晶の卵は内側に炎を宿しているかのように輝いている。内側の〝なにか〟によって整えられたエネルギーを発しているようだ。

　太陽光線の七色は三つの大きなプリズムに断ち切られ、大きな卵にいったん吸収されてから、さらに七つのエネルギーに分かれて放射されている。それらの色は地球では見られないものなので、何色かは説明できない。しかし大変興味深いことに、それぞれの七色の光線は卵に取り込まれると、液体のようにゆっくりと放射されて、変換器のようなものを通る。この機械は未知の金属でできており、大きな基盤《マトリックス》のようになっている。このマトリックスには非常に正確な直角に交わる溝が刻まれている。あとで教えてもらったのだが、この角度は星の屈曲率を考慮に入れて正確に計算されたもので、水晶の卵の中で整えられたエネルギーがこのマトリックスから地球全体に放射されているのだ。

　衛星三号の驚くべき科学者たちは、光を操作する単純なプロセスによって、賢者がプラーナと呼ぶ宇宙の生命エネルギーを取りだしていたのである。この精妙なプラーナを、衛星三号の操縦者たちは、毎回の〝磁化の期間〟に、われわれのこの小さな暗い星にあふれんばかりに注いでいる。かれらはそのエネルギーを複雑なパターンで混ぜ合わせ、地球に送っている。

ここに引用した博士の著書『The Nine Freedoms（仮邦題　九つの解放）』では、幽体離脱の概念をまったくべつのレベルでとらえると同時に、宇宙船についての素晴らしい洞察が書かれています。

ほかのミッションが海でも陸でもつづけられています。なかでもよく知られているのが〝祈りのパワー活動〟です。一九七三年六月三十日にイギリス、デボン州北部のホールドストーン・ダウンで開始されて以来、世界各地のテレビ番組で何十回も取りあげられてきました。たとえば二〇一〇年には、BBC3のドキュメンタリー『私はUFOを信じる』で、二〇〇九年七月二十五日に行われた、ホールドストーン・ダウンへの記念登山について放映されました。そのイベントには、〈エセリウス・ソサエティ〉に初めて加わった人も含めて、百四十六人が参加しました。

ヨガの達人であり、放射装置の発明者であるキング博士は、さらに〝祈りのパワー活動〟のためにある装置を考案しました。祈りは電気と同じように実際のエネルギーであり、そのパワーをよく知っている博士は、ある素材で作ったバッテリーとも言うべき容器に、祈りのパワーを蓄える方法を考えついたのです。このパワーは、ハリケーンや地震、津波、森林火災などの際に、救命と被害の緩和のために放出されます。いざというときにすぐ大勢で集まって祈り、ヒーリングのエネルギーを災害地に送ることは困難ですが、〝祈りのパワー活動〟がそれを解決してくれます。蓄えてあるエネルギーを、いつ何時でも瞬時に放出できるからです。祈りの力を信じる人なら誰でも貢献できます。人のために役立ちたいという気持ちさえあればいいのです。

定期的に人が集まり、マントラを唱えながら（スピリチュアル・エネルギーを呼び起こすのに効果的）、バッテリーの前で祈る人にエネルギーを向けるよう集中します。唱える祈りは、キング博士が主イエスからチャネリングした〝十二の祝福〟です。バッテリーには何百時間分もの祈りのエネルギーを蓄えることができ、災害の被害者や救援活動をする人々を助けるために送られます。重要な平和会議などに向けて送るのもきわめて有効です。バッテリーのエネルギーはスピリチュアル・エネルギー放射器を通って放出され、最大の恩恵をもたらせるように宇宙のマスターが手を加えます。エネルギーをどこに送るかを決めるのは〈エセリアス・ソサエティ〉の経験を積んだごく少数の幹部で、かれらは特別な訓練によって宇宙のマスターに要望を伝えることができますが、返事を受け取ることは誰もできません。この一方通行の伝達法は、キング博士が自身の亡き後もミッションをつづけていけるように確立したものです。キング博士が生前行っていた〝太陽光線オペレーション〟、〝土星ミッション〟などのミッションも、現在もつづけられています。

## 人類は変わらなければならない

宇宙のマスターと協力したキング博士の活動は、地球の物質界を越えたほかのレベル、高い次元からきわめて低次元まで及びました。後者の場合、つねに人類全体のために行われている光の勢力と闇の勢力の戦いについて、メッセージを受け取りました。神秘主義では「上にあるごとく下にもある」と言われますが、この場合は下が上に影響を及ぼすのを阻んでいたのです。ヨーロッパ最大の詩人、ダンテのありありと描かれた『地獄編』はフィクションではないと考える人もいますが、宇宙の神々たちは許されればもっとも深く暗い場所へも降りていき、世界のために希望と光をもたらそうとするのです。

宇宙のマスターから与えられた偉大な啓示によると、歴史上の有名なスピリチュアルな指導者の多くは、別世界から来ていたそうです。それぞれ異なる時代に異なる方法で、われわれ人類を救い、導くために地球に来ていた存在には、仏陀、主イエス、聖クリシュナ、老子、孔子、聖パタンジャリ、聖シャンカラ、聖ラーマクリシュナ、モーセ、サムソン（訳注　大力で有名なイスラエルの士師）などが含まれます。宇宙船や高度なテクノロジーやスピリチュアル・パワーを自在に操れる宇宙のマスターと違い、かれらは私たちの世界に肉体を持って生きることを選んだ宇宙存在であり、私たち人類のために地上の制限に縛られ、カルマを引き受けます。なかでももっとも恐ろしいカルマの重荷は、主イエスの悲惨な死であり、私はこれをキリストの受難として祝福すべきではなく、深く悔いて恥じるとともに心からの感謝を捧げるべきだと思います。

キング博士は誰よりもカルマとその働きを理解していました。カルマは何生にもわたる理論的、哲学的な概念ではなく、二十四時間作用している生きた力だと博士は言います。博士はカルマを〝順応へのプレッシャー〟と表現しました。カルマをプレッシャーだとするこの科学的な表現は、斬新で挑戦的です。しかし正しく理解すれば解放的でもあります。ストレス撃退法のように、このプレッシャーと戦ったり抵抗したり避けたりしてはいけないのです。それではカルマに効果はありません。カルマとは受け入れるべき力なのです。カルマを受け入れ、それに照らして行動することで、私たちは悟りを得ることができるのです。その鍵となるのは全体への奉仕です。家族や友人はもちろん、人類全体、さらには生命体である母なる地球のために奉仕をするのです。

以下に引用するのは、アメリカの〈エセリアス・ソサエティ〉の事務局長で、私の長年の親友でもあるブライアン・ケニップの手記です。彼はキング博士の晩年に、もっともそばにいた人物です。とりわけ彼は、キング博士の生前、そして亡き後も、宇宙からのメッセージの維持と宣伝に大きな役割を果たしてきました。

**キング博士を通じて地球にもたらされたメッセージを理解するには、チャネリングでメッセージを受け取る博士を間近で見てきた私の目を通して語ることが役立つと思う。**

**一九七八年から博士が亡くなるまでのあいだ、私はロサンゼルスで博士の個人秘書を務めさせていただいた。本当に素晴らしい体験だった。一九八七年から博士が亡くなる一九九七**

年まで、私は相談役兼ヒーラーとしてもっとも博士の身近にいた。その時期は、一日二十四時間、週に七日、いつでも駆けつけられるように、同じ家で暮らしたり、隣の家に住んでいたりした。すぐそばで博士の対応を見ていた私は、博士について多くのことを学んだ。なによりもまず、博士は世界の救済に全身全霊を傾けている。世界を救うためになにをすべきか、考えない日は一日たりともなかった。将来のために、地球の軌道をめぐる衛星三号のオペレーションのスケジュールについて宇宙のマスターと相談したり、人類のために母なる地球にスピリチュアル・エネルギーが注がれるよう手配したり、自分が考えたミッションについて、地球のスピリチュアル・ヒエラルキーに伝えたり、そういうさまざまな行動に博士の熱意が表れていた。母なる地球からデーヴァの王国へエネルギーを放出するためのミッションは、ニューエイジの到来を助けるだろう（エセリアス・プレス刊の拙著『Operation Earth Light』を参照されたい）。

博士はめったに休むことがなかったが、とても楽しそうで、周囲の人々とよく笑いあっていた。心優しく寛大で生き生きとしたユーモアの持ち主だった。しかし周囲の者には、つねに最善を尽くすよう期待し、しかもその人の最善の限界を心得ていた。ときには周囲の者にとても厳しく、博士のためにすることであれほかの人々のためであれ、頑張るように叱咤激励することもあった。

東洋の偉大なマスターとその弟子の物語のように聞こえるかもしれない。しかしながら大きな違いがある。ひとつには、博士の目的は自分がマスターの役割を果たすことではなかった。世界の進化と、それを助ける人々の手伝いをすることに専心していた。

これは大きな違いだ。

キング博士の活動を知る人は、ごく身近に接していた私によくこう言う。「あなたは幸運ですね。いろいろ話をしたり、教えをいただいたことでしょうね」

イエスと同時にノーでもある。

確かに私は幸運で、博士を間近に見ていろいろと学び、さまざまなことで指導をいただいた。しかしスピリチュアルな助言や訓練を授けたり、地球を越えた次元の話をすることはめったになかった。博士は自身が亡き後も宇宙のマスターと協力しつづけていけるスピリチュアルな仲間を作ることに、つねに集中していた。

個人秘書として博士とともに暮らしていた私は、壮大な全体像のなかでのわれわれ地球の文明の位置をつねに意識していた。われわれは進歩の遅れた原始的な種族であり、いまだに自分たちやまわりの自然の本質を知らないまま、殺し合いをしている。この地球のほかにも、太陽系にさえ世界はたくさんあり、スピリチュアルにも科学的にもわれわれよりはるかに進化しているということが、現実にわかりつつある。そしてかれらはわれわれを助けたいと願っているが、カルマの法則に縛られ、ある種の方法でしか助けの手をさしのべられない。実際、キング博士と宇宙のマスターは多大な時間をかけて、カルマの法則に働きかけて人類を救うために努力している。かれらからのメッセージには、一貫してその努力が語られている。

博士は宇宙のマスターと親密にコンタクトを取ってきた。ほぼ一日おきぐらいに進化した存在となんらかのコンタクトを取っていた。さまざまな理由で、それらのコンタクトの多くは録音していない。キング博士は非常に多忙だったことは言うまでもない。つねに身近にいた私は、録音されたものと同時にそれらの録音されないコンタクトも目にしてきた。それらのメッセージや、キング博士の生き方や行動、周囲の者に対する指導は、ひとつの中心的なテーマを強調している。他者への奉仕と神への感謝。このふたつの考え、あるいは波動が、人類の平均的な考え、あるいは自己中心的な波動とより多く入れ替わるほど、人類は進化し、救われる。救われるほどにわれわれは、無私の行いや思考ができるようになり、らせん的な上昇はつづいていく。

キング博士はカルマ・ヨガの達人だった。このらせん的上昇を促進する方法をいつも考えていた。カルマの後押しを得て、人類をより速く進化させる方法を探していた。キング博士と過ごした日々が、いかに特異なものだったかをあらためて考えさせられる。キング博士が個人で行動することは一日たりともなかった。古来の東洋のマスターのように、弟子たちだけを導いたりはしなかった。キング博士は、名実ともに地球のカルマの代理人だったのだ。博士の使命は、我欲から無私への進化のサイクルを速めることだった。〝十二の祝福〟や『Nine Freedoms』のような、この時期に地球で必要とされる深遠な英知をもたらすために、偉大な宇宙のマスターの手足となって働いた。博士はまた、私のような普通の人間がほかの普通の人々とともに集まり、人類のために偉大なマスターたちと協力して、その進化を速められる方法を模索していた。ときには宇宙の存在に要請して、人類のために行っているミッションの手助けをしてもらったりもしていた。たとえば、洪水やハリケーン、火災などの大きな自然災害のときには、大変有用な助けを得ていた。まぎれもない奇跡が起きた例を、私たちはいくつか記録している。キング博士は宇宙のマスターや地球のスピリチュアル・ヒエラルキーの協力を得て、被害を軽減することができるのだ。博士はわれわれ普通の人間に心を集中させ、適切なタイミングでカルマの引き金を引く行動を取らせることで、偉大な存在の力を借りられるようにしてくれた。宇宙の存在たちは偉大なスピリチュアル・エネルギーを災害地にあふれんばかりに注ぎ、その地で救難活動をする人々にとてつもない能力とインスピレーションを与えてくれる。

キング博士が受け取っていたメッセージは単独でも理解できるが、キング博士の人生に照らし合わせて、その何千ものメッセージをつなぎ合わせると、たんなる哲学を越えた驚くべき全体像が表れる。その全体像は、**行動せよ**と心に呼びかける。なぜならそれがメイン・メッセージだからだ。人類は変わらなければならない。そのためには、他者に奉仕することだ。我欲から無私へ変わらなければならない。そしてその変化を速めなければならない。千を越えるメッセージの神髄を耳で聞かずに、読むだけで理解することは難しい。そこには大きな違いがある。

一九八一年までの公開メッセージは高品質の機器で録音されている。これを聞くと、宇宙のマスターが伝えるメッセージの声色や抑揚、話すタイミングだけでなく、声の波動までもが感じられる。それは控えめに言っても驚くべき体験だ。体験した者として、私は断言できる。この数年で、私は昔のテープ・レコーダーのものから最新のデジタル・サウンドのものまで、すべてのメッセージを再確認し、重要なメッセージのいくつかは再録《リマスター》した。これらの美しいメッセージを聞けば聞くほど、言葉にこめられた力強いエッセンスに深く感銘を受ける。そのうちのいくつかは〈エセリアス・ソサエティ〉から音声の形で入手可能であり、今後はその数も増えていくことだろう。

晩年の博士が心で受け取ったメッセージも、その場でほとんどは私が録音して文字化したのだが、やはり言葉を越えたエッセンスがある。

しかし、その波動を受け取れる心の準備ができている人にとっては、言葉だけでも驚くべきインパクトがある。未知の英知に触れるときはつねに、疑いを抱きつつ、心を開いていてほしい。これらのメッセージは、国や信仰を問わず、われわれ人間を救うために別世界から与えられたものである。

第九章

# 地球外生命体からのメッセージ

全力で奉仕せよ！　そう、未来永劫に。

火星セクター6

## 珠玉の贈り物

九七〇年代のあるテレビ番組で、キング博士は宇宙存在とのコンタクトについての質問に、このように答えています。

きわめて定期的にコンタクトしています。いろいろな事柄について何百というメッセージを受け取りました。非常に科学的な話題もあります。私は別世界の人々にも実際に会ったことがあります。

かれらはとても進化した人々で、科学的にもスピリチュアルにも哲学的にも、われわれよりはるかに優れています。それもそのはずで、だからこそこの太陽系だけでなく銀河系の外へも行けるのです。われわれには夢にも思いつけない離れ業です。かれらは自在に物質化したり、非物質化したりすることができます。つまりいろんな場所に現れることができるのです。べつの姿になったり、意識を投影したりすることのできるかれらは、われわれよりずっと優れており……

否定するのは簡単です。調べるのはもっと難しいですが、より有益で……

もうひとつ、お伝えしたいことがあります。これらの与えられたメッセージを、私たちは録音し、文字にして出版しています。観念的な内容だけで考えると奇想天外ですが、それはつまりどこかよそから来た考えだということです。私の頭の中か、あるいはべつの情報源からか。もしべつの情報源からのものであれば、本当に素晴らしい。私のこのちっぽけな頭の中にある考えだとしたら、私は大天才ということです。

持ち前の控えめなユーモアで、キング博士は自分が受け取った宇宙からのメッセージについての要点をわかりやすく伝えました。本当に博士が言うように地球外の知的生命体から受け取ったのか、博士自身が考えついたことなのか。自分はそれらのメッセージに含まれる英知を伝えられるような人間ではない、したがって宇宙のマスターが伝えたものにほかならないのだと。私は控えめなキング博士に代わって断言します。これらのメッセージの伝達者が、詐欺師や妄想者であるはずがありません。深遠で純粋なそれらのメッセージは慈愛に満ちています。妄想患者や詐欺師がそのような卓越した知恵を伝えられるわけがありません。

私は以前、今日ではチャネリングと呼ばれる行為によって作品のいくつかを書いたと主張するウィリアム・ブレイクに対する批評を読んだことがあります。その批評家はブレイクはある種の精神病、おそらくは分裂病を患っていたのだろうと論じるいっぽうで、その詩の素晴らしさを賞賛していました。つまり卓越した観念や洞察は、深刻な精神病の幻覚のたまものというわけですが、私はこれには反対です。もっと簡単な説明があります。ブレイクの作品のいくつかは、本人の言うとおり、霊能力で天使や高次元の存在から受け取ったものなのでしょう。正直で明晰で生き生きとした頭は、正直で明晰で生き生きとした考えを生みます。キング博士の場合は、ヨガやほかのスピリチュアルな修行によって感覚を高め、進化した存在のチャネルとなる能力が備わっていたのです。

しかし最終的に重要なのは、地球外生命体からのメッセージそのものの質でしょう。この最終章では、キング博士が地球上の第一のチャネルとして活動した四十三年間に受け取った何百ものメッセージの中から抜粋したものを紹介します。キング博士の比類なき霊媒師としての遺産の宝庫から、貴重な宝石とも言える十四のメッセージを選んでくれたブライアン・ケニップに感謝します。これらのメッセージを本書に載せることを許可してくださった〈エセリアス・ソサエティ〉の国際理事の方々にもお礼を申しあげます。
最初に抜粋したのは、マスター・エセリアスに提示された二つの質問に対する回答です。「金星人の体の化学組成について教えてもらえますか？　たとえば、炭素化合物に相当するものはありますか？」

**〈マスター・エセリアス、一九五四年十月二十五日〉**

それはかなり複雑だ。なぜならわれわれの多くは微細な状態で存在し、地球や火星やほかの星へ行くときは、その星の生命体の姿になる。ある星の人々が、天の川銀河の人々のように二十七本の足があるなら、われわれも二十七本足の姿になる。炭素が細胞の基本的な物質であれば、空気中からそれを取りだして、細胞を形成し、訪れる星の環境に調和できるようにする。いっぽう、ケイ素を主成分にすることもできる。ある種の植物はケイ素を主成分としている。金星には、必要な場合をのぞいて、粒子の粗い物質の体を持つ者はほとんどいない。それでもわれわれは実体のある存在だ。
成分を英語名で言うことはできない。なぜなら微細な体の成分を言い表す言葉が存在しないからだ。これらの体はとても精妙で、あなたがたの魂の成分を言い表すのと同じことであり、それは不可能なのだ。ある種の星のように、二万五千もの記号を持つならべつだが。その言語はかつて記されたことのないものだ。

〈マスター・エセリアス、一九五五年一月二十九日、抜粋一〉

われわれの宗教について話そう。それは単純だ。われわれは唯一の神を信じている。すべてはひとつである。しかし、ある一部がほかの一部を乱し、結果として不調和に見えることがある。ある一部がほかの一部を乱すというのが、ひとつに結ばれた全体のシステムなのだということが、あなたにもわかるだろう。もしあなたが兄弟から盗んだら、その行為がはるか離れた地にいる人にも影響するという事実を、われわれはずっと昔から受け入れている。われわれの哲学や宗教のすべては、このひとつであること《ワンネス》という明確な法則に基づいている。だからこそ、われわれはあなたがたのビキニ諸島のお茶会を懸念しているのだ。（マスター・エセリアスは、一九五〇年代にビキニ諸島近海で行われていた核実験のことを指している）あなたがたは自分たちのシステムだけでなく、われわれのシステムにも明らかに影響を及ぼしている。友よ、宇宙のシステム全体が非常に強力な磁力で結びついたひとつの家族で、同じ子宮、すなわち太陽から生まれたのであり、家族はほかの親類をとても気にかけている。だからわれわれの宗教は、このワンネスという単純性を考慮に入れている。

「静まって私こそ神であると知れ」という言葉の意味を知る者はほとんどいないが、それはとても単純かつ宇宙のシステムにおけるもっとも偉大な言葉である。だから私がわれわれの宗教は単純だと言うとき、若い人々にとって単純だという意味ではなく、現実は普遍のものであると認識している宗教や観念だという意味だ。あなたがたの偉大なマスターたちも同じことを言うだろう。あなたがたのテラ（宇宙のマスターはよく地球をラテン語でこう呼ぶ）のマスターたちがその道について説いていることを、われわれはあなたがたにわからせようとしているが、あなたがたはいつも道をそれてしまう。私はこの話を、あなたがたの世界において、何百回も伝えてきた。新しいことはなにもない。もしもひとつだけ新しいことがあるとすれば、宇宙神がそのことをはじまりのときに置かなかったからであり、それゆえなにも新しいことはない。現代風の話し方があるかもしれないが、何兆年も昔から言われてきたことを一九五五年の言い方で伝えているにすぎない。太古の英知は、創造のはじまりにおいて、壮麗なシステムの絶対的な創造主の手で記された。われわれの宗教は新しいものではないが、あなたがたのはそうかもしれない。われわれの学問は新しいものではないが、あなたがたのはそうかもしれない。われわれの政治の仕組みは新しいものではないが、あなたがたのはそうかもしれない。

われわれは最初に、絶対的な創造主の普遍の法則を学ぶ。次に、この法則を政治や学問のシステムに当てはめる。こうあるべきという先入観にこの法則を合わせようとしたりはしない。われわれのシステムを法則に合わせるのだ。あなたがたもそうすれば、あなたがたは天の光となり、瞬く間に進化の階段を上がり、あなたがたが呼ぶところの空飛ぶ円盤や母船がたくさんほかの惑星からやってきて、地上に降り立つだろう。しかしあなたがたが今のシステムを神の法則に合わせないかぎり、かれらが大勢で現れることはない。不思議に思うだろうが、何千年も昔は、テラの住人のほとんどはそうしていた。だがやがて大いなる退化と堕落のシステムがはじまり、あなたがたは試練と困難のうちに後退していった。このように言うのは簡単だろう。「あいつがなになにをしろと言っているのはほかの人のことで、自分じゃない」と。私はあなたに言っているのだ。あなたがたの誰もがこの状況に対してなんらかの行動を起こせるのだ。あなたがほんの少しでも意識を向上させれば、世界全体の意識がほんの少し向上する。あなたがたすべての人の肩に、重い責任がかかっている。それを拒否するか、行動を起こすかは、あなたしだいだ。

## 〈マスター・エセリアス、一九五五年一月二十九日、抜粋二〉

われわれ宇宙政府システムは、何世代も前からテラを懸念してきた。あなたがたの核研究や宇宙開発が進んだことで、よりいっそうの懸念を抱いている。あと二、三年のうちにあなたがたは宇宙基地の計画を実現するだろう。宇宙政府システムは、あなたがたが平和的にやってくるなら歓迎する。もし好戦的な者たちがその宇宙基地に無線制御のミサイルを持ちこむつもりなら、あなたがたはわれわれよりさらに偉大な存在の定めた法を犯すことになる。

われわれがあなたがたの世界を気にかけているのは、惑星系のなかであなたがたの星は若い星で、立場があいまいで、宇宙議会に正式に参加していない唯一の星であるからだ。その議会の長を務めるのは土星である。あなたがたの愚かしい政治システムの混乱から一歩退いて、太陽系の惑星へ旅することを考えてほしい。そこには絶対的な調和の場があるのだ。あなたがたの混乱した世界に比べたら、確実に調和した世界がある。この調和を創りだすには何兆年もかかり、これを乱す者をここに迎え入れるのはわれわれの本意ではない。

だからこそわれわれは友情の手をさしのべている。あなたがたの科学者や政治家や宗教指導者が宇宙への旅に備えて心の準備をし、あなたがたがそのような旅によって意識を大きく広げられるよう、助言をしたいのだ。ほかの惑星の現状のいわゆる事実報告をたずさえて戻れる者がいたとしたら、あなたがたの世界全体の意識が向上するだろう。その者は、あれこれの星にはとても人間は住めないと言う科学者たちが、いかに間違っているかを知るだろう。宇宙には、広い意味で言うなら、あなたがたの世界の人々よりはるかに人間らしい人々が大勢いるのだ。

## 〈マスター・エセリアス、一九五六年七月二十八日〉

このマインドには魂、あるいはコントローラーがある。もちろんその魂はスピリットではない。この魂は磁力のあるものをまわりに引き寄せて、細胞を形作り、固形に見せかける――むろん実際は違う――そしてその個体は歩いたり跳ねたりできる。磁力で固めて作られたそれを、われわれは固体化した光と呼んでいる。その光はどこから来たのか？　それは太陽から来た。したがって、あなたがたの体やこの星のほかのすべてのものは、固体化した太陽の光なのだ。それらは創造神によって作られた。それゆえ創造神の意思によって一定の形に作られたあなたがたは明らかに《アピアレントリー》――外見上《アピアレントリー》はと言ったことに注目してほしい――神の意思を表現する個体なのだ。それほど単純なことなのである。

どうかつねに考え、胸に言い聞かせてもらいたい。もっとも答えのでない物事ほど単純な答えがあり、まったく新たな英知の道があなたの前に拓けているということを。この単純で確実な方法をあなたがたがとる前は、夢にも理解できるとは思わなかった英知にいたる道が。

次に紹介するのは一九五六年十一月二十四日にキング博士を通じて伝えられた、二人の宇宙のマスターからのメッセージです。

## 〈最初の伝達者、火星セクター6〉

論題Ａ　サイン

テラの多くの兄弟たちがわれわれからのサインを求めるが、ほかの惑星からのサインはたくさん与えられている。われわれが実際の生きた存在であり、テラのことを心から気にかけていることが、テラの人々にはっきりとわかるようなサインを。しかしこれほど無数のサインを送っても、ある種類の地球の知的存在はまだ納得しない。宇宙船で目立つ場所に降り立ってほしいと要求するテラの兄弟たちにお願いしたい。どうかサインを送ってくれ、と。

科学者は空飛ぶ円盤からのサインを求めてきた。私は科学者にサインを送ってくれるようお願いする。われわれが求めるサインはどのようなものかと言うと、善意と心からの誠実だ。そして、われわれが水晶の波動の秘密を明かしたら、それをすべてのために役立てると証明してもらいたい。テラの科学者の善良さが証明されないかぎり、われわれの科学の秘密を明かすことはできない。今、われわれが重力をコントロールする秘密を教えても、テラをさらに七〇〇年分後戻りさせてしまうだけだ。それはあなたがたのためになるだろうか？　否。普通の人々の役に立つか？　否。おそらく戦争目的に使われるだろう。防衛という名のもとの戦争に。だから科学者よ、聞いてほしい。あなたがたがサインをくれるなら、あなたがたの求めるサインをわれわれも送ろう。それはあなたがたの善意のほどにかかっている。

このメッセージは、土星が議長を務める宇宙議会の許可を得て、火星セクター6より送られている。これよりエセリアスとしてテラに知られている知的存在と交替する。

〈二一番目の伝達者、マスター・エセリアス〉

もちろんその通りだ。友よ、あなたがたとふたたび話すことができてとてもうれしい。なぜならあなたがたの大多数の思考パターンと、あなたがたが真実の探求者であることがわかるからだ。さまざまな人々が平和にいたる道を求めてきたが、見つけられずにいる。友よ、平和とはなんだろうか？　それは政治や国家的な利益やテラの人々が愛と呼ぶものを越えたものだ。友よ、平和とは悟りなのだ。全宇宙における唯一の罪、それは無知である。もう一度、唱えてほしい。悟りが、すなわち平和であると。

テラが悟りに至れば、金持ちも貧乏人も存在しなくなる。病気、王族、独裁者、首相、金銭といったものはなくなる。病院も必要なくなるし、旅行の必要もなくなる。正しい悟りに至った星では、瞬間移動や意識の投影でどこへでも行けるからだ。

私が今言ったことをよく考えてほしい。今、地球がそういう状態になったら、あなたがたがどれほど幸福になれるかを想像してみてほしい。もう家族のことや年を取ることを心配しなくてもいい。病気で働けず食うや食わずの暮らし。そんな心配は一切なくなる。あなたがた全員の生存が保証されているのだから。

友よ、わかるだろうか。わが友の火星がすでに伝えたように、あなたがたの権力者が時代遅れの不道徳な政治システムの代わりに神を信じるなら、科学者が数学に縛られることなく形而上学を信じるなら、経済システムが自己利益ではなく世界全体のために働くなら、われわれはあなたがたのもとへ、自由に容易に行けるだろう。宇宙旅行の秘密を安心して教えられるだろう。どこへでも行きたいところへ行ける瞬間移動の秘密を教えられるだろう。あなたがたをわれわれの惑星系に迎え、あなたがたは自分たちの宇宙船で太陽系のどこへでも行けるようになるだろう。

だがそれらの啓示を安全に伝えるには、大きな条件がともなう。それについては、もう皆わかっていることだろう。少なくとも、あなたがたの大半は。

テラのある人々は、宇宙の知的存在にある種の情報を求める。リチウム9やヘリウム3に関する情報や、地場を利用する方法についての情報を。これらの情報は現在テラにいるわれわれの代理人が科学者に言われて求めたものだ。科学者は言う。「これこれの情報をくれれば、あなたがたの存在は簡単に証明できますよ」と。われわれの代理人は答える。すると「友よ、それだけの情報ではあなたがたを信じられません」いったいどういうことなのか？　われわれは信じてもらえず、存在を無視され、浅はかな人々のあざけりの対象となる。親愛なる友よ、だからわかるだろう。あなたがたの魂のスピリチュアルな潜在能力をわれわれに証明してくれないかぎり、偉大な秘密を明かすことはできないのだ。

それを証明してくれれば、われわれの持てるすべてを与えよう。

それを証明してくれれば、あなたがたの前に姿を現そう。

あなたがたがそれを証明してくれる前にわれわれが降り立てば、カルマの神の法を破ることになる。今、思考を光線で投影する秘密を教えてしまったら、あなたがたは坐ったままでいとも簡単にロシアの全軍を滅ぼすだろう。たった五人のロシアの将校が、アメリカ軍を一掃できるだろう。そして戦いはイタチごっこでつづけられる。

親愛なる友よ、われわれが冷酷だとは思ってもらいたくない。あなたがたの困難な状況はよくわかっている。しかし、進化の過程の行いによってあなたがた自身がそれらの困難を背負ったのだということをわかってほしい。だからそこから脱する道を見つけなければならないのだ。**あなた自身が**。もちろん、われわれも助けの手をさしのべるが、あなたがたが自分で、個人のレベルでも全体のレベルでも、はじめないかぎりは、全面的に助けることはできない。

この数ヵ月、地球の善男善女の思考パターンを細かく分析してきたが、ほとんどの人々はこのような疑問を抱いている。「もしほかの惑星の人々が私たちのことを気にかけているなら、どうして堂々と現れてくれないのだろう」この疑問にはじゅうぶんに答えてきた。それはあなたがたしだいであると。聖なる職務を果たしなさい、それがあなたがたのすべきことだ。奇跡を起こす必要はない。仏陀やイエスや聖クリシュナ、聖シャンカラについて書かれた本を手に入れて、学びなさい。それがあなたのすべきことだ。それらを学び、その教えにしたがって行動しなさい。それが答えだ。

今名前を挙げたそれらの偉大なマスターは、身を犠牲にしてテラに来る前に、宇宙の秘儀について学ぶ学校で特別な訓練を受けている。かれらはなにも推測しない。自分の言うべきことを、どのように、いつ言うべきかを正確に知っているのだ。かれらは偉大な宇宙の覚者《アデプト》である土星によってじきじきに訓練を受け、地球に肉体を持って生まれる前に、高尚な宇宙の秘儀を授けられる。だから当たり外れはまったくない。彼らの話すことは真実なのだ。もちろん、完璧な真実ではない。完璧な真実は言葉で表現できないものなのだ。しかしかれらの話す真実は、テラを彼女が墜ちてしまった世界から光の世界へ戻すには、じゅうぶんに完璧だ。

あなたがたがすべきはそういうことである。滑稽なほど簡単だ。あなたがたのすべての問題に対する答えは、それが個人的なものであれ地球全体のものであれ、あっけないくらいに単純だ。法則について読み、その法則が神であると知り、それにしたがって行動する。それだけだ。しかし地球の兄弟たちは、悲しいことに、そうする意思はあっても、肉体はとても弱い。だが責めているわけではない。あなたがたが努力すればするほど、マスターたちからの助けが得られるということを言いたいのだ。

そうだ、親愛なる友よ、あなたがたには助けの手がさしのべられている。だから「ほかの惑星の人々はどうしてこれこれのサインをくれないのか」と人に尋ねられたら、こう答えてほしい。「ほかの惑星の人々にこちらからサインを示したらどうですか?」と。かれらはどのように答えるか、じつに興味深い。そしてかれらに、どんなサインをわれわれは求めているのかと尋ねられたら、今夜私が話したことを、あるいはあなた自身の言葉で伝えてほしい。

それでも私自身はたくさんのサインを送っており、あなたがたの多くはわれわれの宇宙船を目にすることができる。しかしながら、テラの状態はますます悪化しているため、そうすることが非常に難しくなっている。だがこの状態が少しでもよくなったら——あなたがたが一生けんめいに祈ればそうなる——われわれの今後の活動のリストをあなたがたに示すことができるだろう。その活動が今は行われていないという意味ではない。それは今も行われている。全力で。しかし以前のようにこの活動を予告しないというのが、当面の方針なのだ。

そのわけを説明させてもらいたい。なぜUFO出現の予告をしないのか。それはこの現象のせいでアメリカ、イギリス、ロシアなどの政府が、空の侵略に対して軍備をしてしまうからだ。ばかげた状況だが、実際にそうなのだ。だからもし私が、UFOがロンドンの北西部に現れると予告したら、われわれのメッセージに関心を持っている航空省が戦闘機を差し向けるだろう。政府はエージェントを現地に派遣し、電話を盗聴させたりしている。とくにアメリカなどではそうだ。戦闘機によってわれわれがダメージを受けることはないが、戦闘機が損傷する危険があるので、それを避けたいのだ。しかし軍の思考パターンの分析が完了したら、今後、UFOの出現を予告することの是非を判断できるだろう。

友よ、今夜は熱心に聞いてくれてありがとう。どうか、その気持ちを忘れずに、私が話したことについて考えてほしい。そして納得できたら、行動してもらいたい。行動を！

この辺で失礼しよう。その前に、一分ほど沈黙してもらいたい。上を向いて、目を閉じて。

私は今、太陽と土星から宇宙のマスターのパワーをこの場に送った。このパワーがあなたがたの内側にあふれ、神があなたがたすべての中に鎮座していることを知りますように。

友よ、あなたがたに祝福を。

## 〈マスター・エセリアス、一九六〇年二月二十八日〉

友よ、もしあなたがたが人のために奉仕できないのであれば、こうして話しかけたりはしない。あなたがたひとりひとり、そして全体にその可能性を見ているからこそ、話しかけているのだ。あなたがたが主眼とすべきは奉仕だ。邪悪な竜を退治しても、ますます邪悪な独裁に巻きこまれるだけだ。

闇の勢力について考えてみよう。そうすればかれらの正体がわかり、かれらが狡猾にあなたがたのドアを叩きにきても、見分けることができる。

人類が地上に暮らしているように、強い闇の勢力が次元の低いアストラル界で暮らしている。かれらは狡猾な不死の存在で、地球を支配したいと望んでいる。

無限にさまざまなパターンがある。ビーム、6、6、0。交信状態。情報の重要性を考慮して、完全防御をしなければならない。

了解。

ありがとう。（これはメッセージのチャネルであるキング博士を守るための措置が取られ

たことに対する言葉）

　これらの闇の勢力は地球を支配したいと望んでいる。ではなにをするかと言うと、意志の弱い地球の人間を混乱させ、恐怖や邪悪な感情を心に忍びこませる。恐怖が心に入りこむと、同じドアから疑いが入ってくる。ドアは開け放してあるからだ。これであなたのなかの偉大な力は存在を知られることもなく、休眠状態にさせられてしまった。そういう状態のときに非常に巧妙に性的な快楽を吹きこまれたりすると、その人のなかに強い欲望が生じ、その人はたんなる肉体になってしまう。この欲望を満たすために、その人は頭と心を使い、狡猾に作られた物質主義の邪悪な仕掛けと協力する。そしてふたつの目的のために心を教育する。第一に物質主義的な罠に協力し、第二に低次元の楽しみによりいっそう耽ること。そうなれば闇の勢力の思うつぼだ。その人は追いつめられ、罠にはまったのである。みずからを制限でがんじがらめにし、何度生まれ変わっても忌まわしい制限に縛られて生きるはめになる。

　ではどうやってこれを断ち切ればよいのか？

　低次元の楽しみや物質主義的な考えから離れることで、簡単に闇の力を破ることができるのだ。

　それはどういうことなのか？

　あなたは恐怖を逃がしたのだ。そして同じドアから疑いを逃がした。あなたは勇気の人になれる。なぜなら、あなたは光の人であり、自身のためにカルマの法則を働かせたのだ。制限を設けた者たちの罠に落ちたのは、カルマの法則に反するためではなく、ポジティブにそれを働かせ、ポジティブな光があなたに注がれ、偉大な力を目覚めさせて、**本源**へと向かわせるためだ。あなたの脳と心は、あなたのなかに潜在する力に対して啓かれ、あなたは全能全知の人になれる。
もはやかれらの制限につかまることはない。偉大なる唯一神、あなたのなかの神の火花によって鎧で守られているのだから。恐怖と疑いが邪悪な頭を持ちあげたら、あなたは光を放ってそれらを切り捨て、偉大なる神のほうへ前進するのだ。

〈主イエス、一九五八年九月七日〉

人間は我欲の世界に住まう。神は果てしなき無私の世界に住まう。
この隔たりに橋を架けて、神となりなさい。

〈マスター・エセリアス、一九五七年十一月十六日〉

あなたがたはどんな迷宮が現れるのだろうかと期待して、必死に道を求めている。しかし友よ、胸の奥でわかっているだろうが、外側に求めるものは内側にあるものの投影なのだ。親愛なる友よ、あなたがたが全身全霊で欲している正しきスピリチュアルな英知は、今もあなたがたのなかで燃えている。
外側に求めるのも、上に求めるのもよいが、兄弟よ、どうか内側に求めるのを忘れないでほしい。外側の世界はたくさんのことを差しだせるが、ある小さな一部だけは内側の世界にしか差しだせない。
もしあなたがたの超意識が、霊と心と物質で体を作るとしたら、あなたがたは宇宙全体の特質を込めるだろう。

あなたがたが原子を組み合わせて分子を作り、それらから細胞を作り、肉体を作ったのは偶然ではない。あなたがたの体を形作るそれらのまったく同一の原子が、太陽系の小さな投影であることも偶然ではない。偶然など存在しないのだから。

あなたがたが作った霊と心と物質の体は太陽系の投影にほかならず、あなたがたの超意識は太陽系のすべての特質を含めて、使いやすい大きさと形にした。そのように計画されていたのだ。

親愛なる友よ、瞑想をすればそのことがはっきりとわかるだろう。そうであるならば、太陽系そのものがあなたの内側にあるのに、なぜ外側の物質界に求めるのか？

もっとも近い旅はもっとも時間がかかる。それはすなわち、あなたがたの内側への旅だ。もしもあなたがたが心の奥へ、意識の奥へ入っていき、宝を見つけて外側の世界へ持ちだしたなら、あなたがたは姿を変えた天使だということがはっきりとわかるだろう。そうして迷っているあなたがたの幼い兄弟たちを、ふさわしい道に導いてあげられるだろう。

〈火星セクター6、一九五七年一月十二日〉

私とエセリアス、そして地球の時間にしてこの千八百年間にテラへ来たことのあるすべての宇宙の伝達者が願っているのは、あなたがたひとりひとりがわれわれに祈るのではなく、敵のために祈ってほしいということだ。親愛なる友よ、あなたがたの愛を神に捧げなさい。敵のために祈りなさい。聖なる職務を、ハートに向けて行いなさい。そうすればあなたがたにとって敵はいなくなり、大いなる平和と理解とを得られるだろう。

〈火星セクター6、一九六一年二月二十二日〉


新世界へ向けて心の準備をし、奉仕しなさい。

奉仕こそ本当に素晴らしい仕事だ。奉仕の行いのすべてはアカシック・ブックに炎の文字で永遠に記される。身勝手な行いをするとき、カルマの普遍の法則によってあなたは自身の手でこの本に、次に生まれ変わるときの制限を書き加えているのだ。

ほかの人々の苦しみに目を向けることで、自分の悩みを断ち切りなさい。

大いなるスピリチュアルな戦いのために奉仕するならば、あなたがたは堂々と顔を上げて歩き、その本になにが記されているかと恐れることはないだろう。

もっとも偉大なヨガは奉仕だ。

もっとも偉大な宗教は奉仕だ。

もっとも偉大な行いは奉仕だ。

独占欲を滅しなさい。我欲をほかの人々への奉仕に変えれば、報いが得られるだろう。もっとも暗き夜の闇に、悟りの光明が差すだろう。

奉仕しなさい。そうすれば悟りを得られる。

奉仕しなさい。それは本当の無私の愛の実践だ。

奉仕しなさい。そうすればクンダリーニの偉大な力が自然と上昇し、あなたがたの高次元の体のチャクラが開かれ、神の息吹が流れこみ、覚者《アデプト》の秘儀へと近づけるだろう。

奉仕の素晴らしさはとても言葉では言いつくせない。

我欲の罪深さを言い表す言葉もない。

知りなさい。あなたがたが好むと好まざるとに関わらず、これが真実なのだ。私は宣言する。地球の人々よ、今日それを信じなくとも、明日にはそれが真実だとわかるだろう。

## 〈火星セクター6、一九五六年九月十五日〉

火星セクター6より報告。

論題：陰謀

われわれの宇宙船は以前よりもはるかに多くテラで目撃されているが、公表される報告例はごくわずかだ。これはわれわれの存在を否定しようとする陰謀が企まれているからである。親愛なる友よ、それらの陰謀を成功させないでほしい。今この瞬間もわれわれの何千という宇宙船がテラを守っていなければ、あなたがたはこの部屋から生きて出ることはないだろう。あなたがたの公的機関がなんと言おうとも。専門家やアマチュアの研究家は以前よりずっと多くの目撃をしているが、それについてはほとんど知られていない。

黙殺グループのことを話したことがあるだろう。それは実際に存在する。黙殺グループとはなにか？　はっきり言おう。それは巨大な経済組織によって運営されている。その組織は世界の国々を動かし、国同士を争わせて、戦争をさせている。そうすることでかれらは巨額の利益を得ている。テラを鉄の手で支配している組織だ。しかしそのことを公にはしない。ではどうやっているのか？　派閥同士を対立させ、不和を生じさせるのだ。

黙殺グループは実際に存在する。

かれらはあなたがたのなかに棲む怪物のように、昼も夜も活動している。私のメンタル・チャネルにこの話題を公表する前に許可を得たのは、彼の身が危険にさらされることになるからだ。しかしながら彼もわれわれと同様に、この話題を公表すべきだという意見だった。

あなたがたの地球の闇の勢力は高度に組織化されている。反対に普通の人々による光の勢力はまったく組織力を欠いている。宗教団体同士が争いをするいっぽうで、黒魔術（これは悪い魔術を指しているのであり、人種とは関係ない）は狙いどおりの結果を生むために足並みをそろえている。あなたがたの宗教は分裂している。まったく足並みがそろっていない。ある宗教指導者は信徒にこう言う。「ほかの教会に参加してはならない」ほかの宗教指導者はこう言う。「姉妹宗教はこれこれのことを信じているから役に立たない」まったく足並みがそろっていない。そのいっぽうで邪悪な怪物はあなたがたのあいだで活動し、宗教同士の分裂を助長している。

われわれにとってもっとも近づきにくい地球の人種は、ある種の熱心な教会信者だ。教会へ通うことが悪いと言っているわけではない。それは素晴らしいことだ。しかしどうか、ほかのすべての教会と理解し合ってもらいたい。マスターのもとへ行けば、そのマスターは間違いなく、哲学の一部を知るには全体を学びなさいと言うだろう。地球のマスターたちは今このときもそのように告げている。しかしいわゆる西洋の指導者たちは、東洋の思想や哲学にはなんの関心も示さない。それこそが分裂ではないだろうか？　なぜこんなことが行われているのか？　狡猾な怪物はゆっくりと、冷静に、計算高く、地球の独裁権を掌握しようとしているというのに。

この邪悪な怪物を止められるのは、スピリチュアルなパワーのみである。

確かに、火星や金星のある者たちは、ロサンゼルスの人々だけでなく、ロンドンやニューヨーク、シドニーやモスクワの人々と話をしたいと望んでいるが、権力者たちはそれを拒否するだろうとわかっている。人々はわれわれに言う。「拒否されても、放送網にメッセージをふんだんに流せばいい」と。われわれは、十万キロのかなたからでもそうすることができる。この火星からでも、すべての無線を一瞬で麻痺させることは可能だが、そのような力を行使することは適切ではない。わが友エセリアスがあなたがたに言ったように、飢えた人にたくさんの食べ物を与えて一度に食べさせたら、その人はひどく苦しむだろう。そうする代わりに食べ物を少しずつ与えればよい。だからわれわれは、ほかの人々にもわかるように、そっと少しずつ与えているのだ。

それが私のメッセージの要点だ。宇宙船はいなくなったと言う人々がいたら、寛容に微笑むがいい。目撃報告がまったくなくても、〝非公式な〟公的機関が、それを公表させないように差し止めているのだと知りなさい。われわれはあなたがたのそばにいる。あなたがたがわれわれを必要とするかぎりずっと。

これは宇宙議会の許可を得て、テラの第一のメンタル・チャネルを通じて、火星より送られているメッセージである。以上で交信を終わる。

## 地球にエネルギーを

以下に載せるメッセージは、地球のスピリチュアル・ヒエラルキーの最重要人物であるババジより、キング博士に送られたものです。キング博士は、〝地球の光オペレーション〟という特別なミッションが正式に開始されたことを知らされ、そのミッションを地球のスピリチュアル・ヒエラルキーのために考案したことに対して、感謝されています。キング博士は〈エセリアス・ソサエティ〉がそのミッションを行える立場にないことを悟り、スピリチュアル・ヒエラルキーに依頼することにしたのです。〝地球の光オペレーション〟は、デーヴァの王国として知られる自然のスピリットの世界に地球のエネルギーを送ることで、ニューエイジの到来を助けるために考案されたものです。

**〈ババジ、一九九〇年十一月十日〉**

**一九九〇年十一月十一日に、〝地球の光オペレーション〟の三つのユニットが作動し、数日間、エネルギーが放たれる。そのときが来たら、あなたに知らせよう。これらのユニットは極秘にされているが、一九九〇年十一月十一日に作動することを知らせておく。**

**〝地球の光オペレーション〟を考案してくれたことに感謝する。このミッションは重要かつ世界規模のものとなるだろう。**

**この機会に、〝地球の光オペレーション〟の実現に尽力してくれたすべての人々に深く感謝したい。そしてこのオペレーションの発案者に特別の感謝を。**

**ありがとう、息子よ。**

**ババジより交信を終わる。**

以下に紹介するのは、キング博士と宇宙存在との数日間にわたる長いメンタル・メッセージからの抜粋です。このメッセージは、ロサンゼルスの大火災を鎮火するために、キング博士から呼びかけたものです。この大火災のひとつ、一九九三年のマリブの大火災は、〝トパンガ火災の再来〟と題するロサンゼルス消防局の公式発表によると「アメリカ史上最大の緊急動員を要した」ということです。このものすごい大火災にもかかわらず、奇跡的にも死者は三名で、二日程度で消し止められました。この交信では、キング博士はコード・ネームを使っていることにお気づきかと思いますが、それは明かすことを許されていません。

〈ニキシー005とニキシー009、一九九三年十月二十七日〉

キング博士：こちら（コード・ネーム）よりニキシー005へ。今朝は非常にぐあいが悪くて、いつもの調子が出ないのですが、なんとかして火災を消し止める手伝いをしたいと思います。ここからも煙が見えます。われわれの祈りの力のエネルギーを広めるのを助けてもらえないでしょうか？

ニキシー005：もちろんんだ。ほかのエージェントもそちらへ向かわせる。すぐに取りかかろう。

あなたがたのエネルギーはいつ解放される？

キング博士：われわれのスピリチュアル・エネルギー放射器は〝スペース・パワーⅡからのエネルギー〟（これは世界にエネルギーを送るためにスピリチュアル・エネルギー放射器が使われたミッションのこと）以来、作動していますが、私が祈りの力のエネルギーを放てば、カルマの観点から、ザ・グレート・ホワイト・ブラザーフッドなど、ほかの存在のエネルギーの引き金になると思います。

ニキシー005：午前十一時までその祈りのエネルギーを放ちつづけ、それからバッテリーをオンにしてくれれば、われわれがそのエネルギーを有効に広める手伝いをする。いっぽうで、スペース・パワーⅡのエネルギーを最大限に活用できるようにする。

キング博士：ありがとうございます。（コード・ネーム）よりニキシー005へ、これで交信を終わります。

（沈黙）

はい、ニキシー009。

ニキシー009：われわれも手伝おう。

キング博士：ありがとうございます。（コード・ネーム）より交信を終わります。

＊＊＊＊＊＊＊＊＊

キング博士：（コード・ネーム）よりニキシー005へ。バッテリーのひとつをオンにしようと思います。

ニキシー005：よろしい。それでカルマの引き金が引かれるだろう。

キング博士：どのようにすればいいでしょう？

ニキシー005：順番に（機密情報）私が止めろと言うまで。

キング博士：わかりました。われわれの〝オペレーション・スペース・パワーII〟の第一回目が終了する十一時にオンにします。

ありがとうございます。こちら（コード・ネーム）スタンバイ。

## 〈マスター・エセリアス、一九五六年一月七日〉

魂を高く保ち、スピリットがそこにあることを知りなさい。スピリットこそすべてであり、もっとも高次元における純粋な神なのだ。テラの人々よ、あなたがたはまさしくスピリットである。足元を見てはならない。頭上の真の光を見よ。そうすることで、あなたがたは意識を向上させているのだ。上を見上げて求めることで、あなたがたはみずから行動を起こし、低次元の物質的な事柄から目をそむけ、高次元の存在に心を向けているのだ。

小さな植物を暗がりに置いたら、光のほうへ蔓をのばすだろう。上へ上へと。そしてついに光を浴びて、花開くことだろう。親愛なる友よ、あなたがたも同じだ。あなたがたもたくさんの小さな植物なのだ。だから光のほうへ手をのばしなさい。太陽の光を、頭の後ろではなく、目に受けなさい。（これは比喩である）

去る前に、もうひとつだけ言わせてもらいたい。あなたがたはなにか？　あなたがたは生命の表現である。小さな草の葉も生命の表現であり、経験を求めている。同じ生命が岩や海、草や木、そしてあなたがたにも通っている。皆、同じ生命なのだ。そして経験を求めている。小さな蔓のように、光のほうへ手をのばし、やがて花開く。親愛なる友よ、あなたがたも光を見つけたら、花を咲かせ、歓喜にあふれることだろう。

それがどんなに幸せなことか、いずれわかるだろう。つねに上を見上げ、心を高く保ち、全身全霊の原子をあなたがた自身の救済に向けさえすれば。救済とはなんだろうか？　友よ、それはあなたがたの内側に神の火花そのものがあることを、完璧に悟ることだ。

それがあなたがたのすべきことだ。遅かれ速かれそうしなければならない。あなたがた全員が。草の葉も野ねずみも、駒鳥もライオンも、象もそうする。あなたがたもそうしなければならない。あなたがたひとりひとりが、そして全体としても。

今すぐはじめなさい。上を見上げ、心を上に向けなさい。心と意識を広げなさい。空から注がれる全能の光を、全身にあふれさせなさい。そうすれば歓喜に包まれるだろう。言語に絶する喜びと力が、あなたがたのものになるだろう。言語に絶する悟りを得られるだろう。固い殻に、心に、魂に、スピリットに、英知の花が咲くだろう。

今夜は耳を傾けてくれてありがとう。ほかの星でしなければならないことがあるので、私はこれで失礼する。

## 空の星を見上げよ

証拠に基づいたUFOと地球外生命体からのメッセージがあります。しかし私たちが本当に答えを知りたいと思わないかぎり、それにはなんの意味もありません。私はいろいろな会議に出席して研究家に情報を提供してきましたが、かれらは受け取りこそすれ、深く追求したいと思うほどには関心を持ちませんでした。それを完膚なきまでに表現した、十六世紀フランスの作家で哲学者でもあったミシェル・ド・モンテーニュの言葉があります。「皆がそうするからという理由で一度でも世の習いにしたがってしまったら、無気力が魂の素晴らしいセンスをすべて盗み取ってしまう」もしもあなたが本当になにかを知りたいと思い、そのために努力するなら、いずれ答えを見つけるでしょう。本当に答えを知りたいという気もなく、ほうっておいても幸せなら、そのままでいいでしょう。そんな面倒くさいことをするのはばかばかしいと思う人には、幸運を祈ります。どんな結論にたどり着くとしても、UFOとそれらを操る人々に関する事実は変わりません。それもまた、地球外生命体からのメッセージの一部です。

「われわれは皆、貧民窟にいるが、なかには空の星を見あげている人々がいる」オスカー・ワイルドのこの言葉ほど的確な表現はないでしょう。古代の記録から現代のものまで、宇宙船と私たちの世界、宇宙からの訪問者と嘆かわしいほど退化したこの星の人々との交流の途絶えることない軌跡を見てきました。貪欲、野蛮、物質主義的な快楽のために何百年も卑しさと病と貧困をはびこらせてきたこの世界こそまさしく貧民窟であり、私たちは空の星を見上げなければいけません。そこには私たちの希望と救済があるのですから。人類を変容させてくれる遭遇体験と教えとミッションを通じた、宇宙からの介入というはっきりした形で。

これらのことについてより知識を深めたいと思われる方には、私のお気に入りの一冊である『The Nine Freedoms（仮邦題　九つの解放）』をおすすめします。一九六一年に火星セクター6よりもたらされた卓越した宇宙からのメッセージと、キング博士のじつに啓示的な見解が書かれています。私自身もこの本に触発されて、〈エセリアス・ソサエティ〉で献身する道を選び、妻とたくさんの友人とともに長年の活動をしています。宇宙のマスターたちや私たちの世界のためのかれらの計画に、直接協力できることを、大変光栄に感じています。

最後に紹介するのは、一九五九年五月二十一日のBBCの生番組で、キング博士を通じて、質問者のグループとマスター・エセリアスとが対話する大変珍しい映像からの抜粋です。キング博士はスタジオの照明やカメラの前でサマディック・トランスに入りましたが、これは大変危険なことで、博士の深い慈悲からの行いと言えます。以下にそのインタビューを紹介します。

マスター・エセリアス：こんばんは、親愛なる友よ。

質問者：こんばんは。お名前をうかがってもいいですか？

マスター・エセリアス：私はエセリアスとして知られている。

質問者：どこから来たのですか？

マスター・エセリアス：金星だ。

質問者：今はどこから話をしているのですか？

マスター・エセリアス：友よ、申しわけないが、その質問には答えられない。

質問者：ミスター・キングが説明されたような宇宙船にいるのか、あなたのお住まいから話しているのか、聞きたかったのですが、それも教えてもらえませんか？

マスター・エセリアス：答えられない。

質問者：あなたはミスター・キングが説明されたような空飛ぶ円盤に乗って宇宙を移動するのですか？

マスター・エセリアス：その通りだ。あなたがたの地球の時間で千八百年前から、この星を訪れている。

質問者：どういう目的でここへ来るのでしょうか？

マスター・エセリアス：地球はある状況に瀕している。かなり危険な状況だ。あなたがたは核実験とスピリチュアルな法則からの逸脱により、地球のバランスを崩そうとしている。

質問者：そのことを私たちに警告しに来ているのですか？

マスター・エセリアス：そうだ。

質問者：空飛ぶ円盤が来たら、目に見えるでしょうか？

マスター・エセリアス：もちろんだ。あなたがたが空飛ぶ円盤と呼ぶ乗り物は物理的な実体がある。円盤を砲弾で攻撃したら、円盤を保護しているバリアに当たって爆発するだろう。

質問者：今夜、私たちにこれだけは伝えたいというメッセージがありますか？　恐縮ですが、短くお願いします。

マスター・エセリアス：わかった。私はこう伝えたい。もしあなたがキリスト教徒なら、イエスの法にしたがって生きなさい。あなたが仏教徒なら、仏陀の法にしたがって生きなさい。あなたがヒンドゥー教徒なら、ヒンドゥーの教えにしたがいなさい。これが、地球の人々を低次元の自己から救う、唯一の真理の道だ。

質問者：ありがとうございます、エセリアス。ごきげんよう。

マスター・エセリアス：ごきげんよう。

# 謝辞

ここに挙げる方々の貴重な助力なくしては本書の執筆はありえず、深く感謝いたします。UFOの専門家アーナンダ・シリセナのUFOや遭遇体験や政府の隠蔽工作などに関する豊富な知識のおかげで、包括的な調査報告を最初の数章に載せることができました。受賞ジャーナリストのヘイゼル・コートニーには、最新科学の最先端の発見の数々や、自身の調査内容について気前よく教えていただきました。妻のアリソンは西洋の神秘主義に関する知識の泉であり、あちこちで講義もしてきました。アーサーと、ジョージ・キング博士の個人秘書を務めていたブライアン・ケネップには、キング博士が受け取ったメッセージについて詳しく教えてもらい、本書にふさわしい素晴らしいメッセージを選んでもらいました。疲れ知らずの勤勉さでタイプと校正とチェックを行い、資料を集めてくれたニッキ・ペロットとナオミ・パーキンも、本書の執筆には欠かせない要員です。ジョン・ホルダー博士、レスリー・ヤング、マーク・ベネット、ブライアン・クレイグも本書のためにさまざまな助力をしてくれました。当初から本書の執筆を熱心に応援し、さまざまな情報を下さり、協会の出版物から詳細な引用をすることを許して下さった〈エセリアス・ソサエティ〉の国際理事の方々にも格別の感謝をいたします。そしてなによりも、私のスピリチュアルな恩師でありますジョージ・キング博士に感謝を捧げたいと思います。博士の存在なくしては、UFOとそのメッセージの真相を知り得ることはなかったでしょうし、ましてや本を書くこともなかったでしょう。

著者：

**リチャード・ローレンス**（Richard Lawrence）

世界的に有名なUFO専門家。霊的指導者でもある。機密扱いを解かれたCIAや米国防総省のUFOファイルを1979年に英国にもたらした1人。〈エセリアス・ソサエティ〉のヨーロッパ部門の事務局長を務め、〈ボディ、マインド・スピリット運動〉においてもっとも尊敬されている人物としてテレビやラジオにも多数出演。現在は、アメリカ、ニュージーランド、オーストラリア、アフリカ、ヨーロッパなど各地でワークショップや講演を行う。宇宙と交信できるジョージ・キング博士の一番弟子で、親友でもあり、共著に『Contacts With The Gods From Space』、『Realise Your Inner Potential』があるほか、著書に『祈りの力を活かす』（産調出版）、受賞作『God, Guides, Guardian Angels』など。

http://www. Richardlawrence. co.uk

翻訳者：

**石原まどか**（いしはらまどか）

東京女子大学英米文学科卒業。『木曜日の朝いつものカフェで』（扶桑社）、『祈りの力を活かす』（産調出版）をはじめ、別名義にても訳書多数。

**ガイアブックス**は
地球《ガイア》の自然環境を守ると同時に
心と体内の自然を保つべく
“ナチュラルライフ”を提唱していきます。

---

UFOs and the extraterrestrial MESSAGE

# 検証　UFOはほんとうに存在するのか?

発　　行　2012年7月10日
発 行 者　平野　陽三
発 行 元　**ガイアブックス**
〒169-0074　東京都新宿区北新宿3-14-8
TEL.03(3366)1411
FAX.03(3366)3503
**http://www.gaiajapan.co.jp**
発 売 元　産調出版株式会社
印 刷 所　モリモト印刷株式会社


ISBN978-4-88282-843-3 C0044